建筑与城市光环境

Architecture and Urban Light Environment

苏晓明　编著

中国建筑工业出版社

前 言

我生长在伊敏河镇，这是一个位于内蒙古东部呼伦贝尔大草原上的小镇。至今我都能够清晰地记得，我在自家窗口望向外面辽阔的草原，夕阳西下火烧云染红天边的美丽场景。现在想起来，那微妙变化的光影早已深深地刻在我的骨子里，影响着我的一生。这也许就是我后来学习光环境的一种命运暗示，也是我对光环境热爱的缘起，以及20余年来，不断克服种种困难，坚持学习和开展光环境研究的原始动力。

天津大学建筑学院的老师们为我打开了建筑光学的大门，向我展示了一个庞大、系统、科学的光学知识世界。让我感受到感性爱好与理性科学知识掌握的巨大差异；也渐渐理解了为什么学得越多就越认识到自己的无知。然而，学习知识的速度远远赶不上时间流逝的速度。带着诸多困惑与未知，毕业后我来到了内蒙古工业大学任教，讲授建筑光学这门课程。但是，困扰我多年的问题并没有解决，反而让我的困惑越来越多：光学的体系是什么样的？建筑光学又属于哪一部分？建筑光学知识都包含什么？它们之间又有什么关系？理论知识与现实又要如何联系等等一系列问题。在迷茫中我尽力总结、不断地凝练和寻找答案。直至有一天，我看到了老子《道德经》中关于“道、法、术、器”的论述，恍然大悟。原来在我国传统文化中早有关于认识世界方法论的论述。而这方法足以指引我认识建筑光学这门学科，也瞬间梳理出了我多年来混乱的知识点，形成了清晰的体系和层级。这让我看清了我所学的每一个知识点到底处于什么位置，又有何作用。这个颠覆原有认知的感悟，促成了我树立写作此书的目标。在此，我想将我领悟到的建筑光学知识结构呈现给大家，为初学者搭建良好的框架，为相关学者提供新的视角。

《道德经》中提到：“道以明向、法以立本、术以立策、器以成事”。这4个内容结构如同金字塔：第1层“道”，表示事物的基本原理和规律；第2层“法”，表示做事的方法、原则、方针或者思路；第3层“术”，是具体的技术和操作方式；第4层“器”，是有形的工具。

本书的结构就是按照“道、法、术、器”4个逻辑层级编排和完成的。

认识事物从最原始不变的原理，到变化较少的方法，再到多变的技术手段，以及快速变化的工具，这4个层级为我们提供了知识体系的基本结构。在本书中，依据上述层级将建筑与城市光环境相关知识分为基本原理、方法原则、技术体系和实用工具4个部分。其阅读的顺序也一定是首先阅读基本原理、了解原理方法；其次通过了解技术体系工作逻辑与相关内容将知识与实际相联系；最后通过了解该领域的学习和应用实用工具，为读者的具体实践提供参考。

因此，对于不同的读者，本书可以有多种阅读方法：对于本领域的初学者，本书需要从前到后逐步阅读；而对于该领域已经有所了解的读者，本书可以选择自己所需要的部分或层级进行阅读。其中，第2章～第4章不理解的内容，都可以从前一章找到相关依据。

但是，本书第3章和第4章，并没有把该层次的相关知识全部罗列，受篇幅所限，作者仅在此简要列出了建筑与城市光环境领域中该层次需要掌握的最重要内容和需要了解的最实用工具。

受时间和本人能力所限，书中还有很多需尽但未尽之事和诸多不足，请读者多多批评指正，如有机会定将尽力改正。

最后，我要衷心感谢在本书完成过程中给我巨大帮助的老师、同事、同学们以及我的家人。感谢天津大学马剑教授、朱能教授、王立雄教授、党睿教授、张明宇教授、刘刚教授，带领我在建筑光学领域中不断前行，帮我改正错误，给我提出宝贵意见；感谢内蒙古工业大学建筑学院梁岚书记、许国强院长在工作中和思想上给予我的巨大支持；感谢张鹏举教授在我多次困惑和艰难时给予我的无私帮助和指导；还要感谢我的研究生们帮我完成资料收集与整理。感谢我的家人在成书的过程中，为我扫平障碍，给我提供充足的时间和精力投身于本书的创作；感谢我的爱人郝占国，多年来的宽容、关爱、鼓励、携手相伴，给了我最大的底气勇敢地完成此书。

感谢读者朋友们阅读和关注此书！

目 录

第 1 章
光环境基础理论

1.1 光（Light）

太阳光、星光、灯光都是我们日常生活中常见的事物，它们具有什么性质，又是如何影响我们生活的？要知道这些答案，就要先深入理解光这个对象。从狭义上讲，光只是一种能够被人感知的电磁辐射[①]，即可见光，其波长范围为380~780nm。但不同观察者可感受到的波长阈值略有不同。从广义上讲，光包含的各种波长的电磁波（10^{-16}~10^{8}m）有无线电波、微波、红外线、可见光、紫外线、X射线、γ射线等（图1-1-1）。

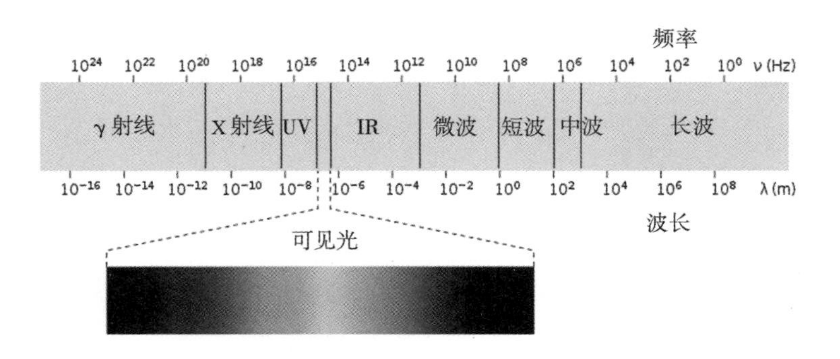

图1-1-1 不同波长的电磁波

通常我们用“光辐射”来描述光。其中，“辐射”是指通过粒子束或波的形式向外发射或传播能量的方式。因此，光辐射（Optical Radiation）的概念涵盖了光的传播特性。在现代光学理论中，共有四种主要理论可以描述和解释光的性质：粒子理论、量子理论、波动理论、电磁理论。

1.1.1 光的粒子理论（Corpuscular Theory）

1704年，艾萨克·牛顿（Isaac Newton，1642-1727）最早提出了光的粒子学说。他认为光是发光物体发出的某种颗粒，这种颗粒可以到达人的眼睛，并被人察觉[②]。牛顿的光粒子学说提出了三个核心假设：

1）发光体以粒子的形式向外发出能量；

2）粒子间歇性地沿直线向外发射；

3）粒子作用于视网膜，视网膜受到刺激而产生视觉。

---

① 电磁辐射：振荡的电荷或电流系统以及任意做加速运动的带电粒子以电磁波的形式向外辐射能量的过程。

② Compton A H . The Corpuscular Properties of Light[J]. Reviews of Modern Physics，1929，17（26）：507-515.

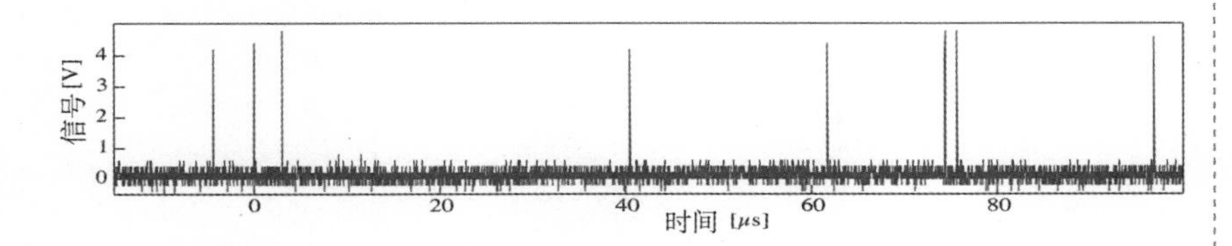

图 1–1–2　光敏探测器探测到的光粒子特性图
（来源：Philip C Nelson.Old and New Results about Single-photon Sensitivity in Human Vision[J]. Physical Biology，2016，13（2）：025001）

在现代，光的粒子特性可以使用高灵敏度的光探测器测试到。有实验显示，当光敏探测器在极微弱的光照条件下，除了能输出一些仪器的背景噪声外，还会呈现出明显的“尖脉冲”。而改变光的强度时并不能够改变每个尖脉冲的强度，变化的只是单位时间内出现的尖脉冲数量，如图 1–1–2 所示。这说明光可以是一个不连续的粒子，并由发光体随机发出，并且这个粒子具有一定的能量。

1887 年，德国物理学家赫兹也通过光电效应实验间接证明了光的粒子特性。他发现在适当频率的光的照射下，金属可以发出电子。后续的研究表明，金属、固体、液体等都可以发生光电效应，而放电的能力取决于照射光的种类，其中紫外线最有效，蓝光比红光更有效。

1.1.2　光的量子理论（Quantum Theory）

光的量子理论与光的粒子理论非常接近。

1900 年，马克斯 · 普朗克（Max Plank，图 1–1–3）发现黑体向外辐射能量时，能量会呈现不连续的状态，其相关的物理量也表现出不连续的状态。这说明黑体辐射的能量并不像水流一样不间断，而更像是一个个射出的颗粒。由此提出了能量粒子理论，即量子理论[①②]。从量子角度研究能量的特征，普朗克给出了两个假设：

1）能量以量子的方式发射和吸收；

2）该辐射能量的大小与辐射频率有关，量子的能量随频率的增加而增加。可用公式（1.1–1）进行能量计算。

图 1–1–3　普朗克

$$Q=hv \qquad (1.1\text{–}1)$$

式中：Q—— 量子的能量（J）；

h—— 普朗克常数（Planck Constant），$h=6.6260693\times10^{-34}\text{J}\cdot\text{s}$；

① Loudon R . The Quantum Theory of Light[J]. American Journal of Physics，1973，42（11）.

② Evans M W，Jeffers S . The Present Status of the Quantum Theory of Light[J]. Advances in Chemical Physics，1997，119：1-196.

v—— 辐射频率（Hz）。

1905 年，阿尔伯特 · 爱因斯坦（Albert Einstein，1879-1955）把普朗克的量子理论扩充到了光在空间中的传播，指出可以将光看成离散的能量微粒，提出了光量子（光子）假说。他认为单色光可以被假设为一个能量包，即光量子，每个光量子的能量可以按下式进行计算：

$$E_{photon}=2\pi hv \quad (1.1-2)$$

式中：h—— 普朗克常数（Planck Constant），$h=6.6260693\times10^{-34}$J · s；

v—— 光的频率（Hz）。

光量子理论可以证明光是携带能量的。这个能量与光的频率有关，在光电效应实验中，紫色光频率高，能量也比较高。因此，更容易将较高的能量赋予电子，使电子获得能量后从原子中脱离出来，如图 1-1-4 所示。

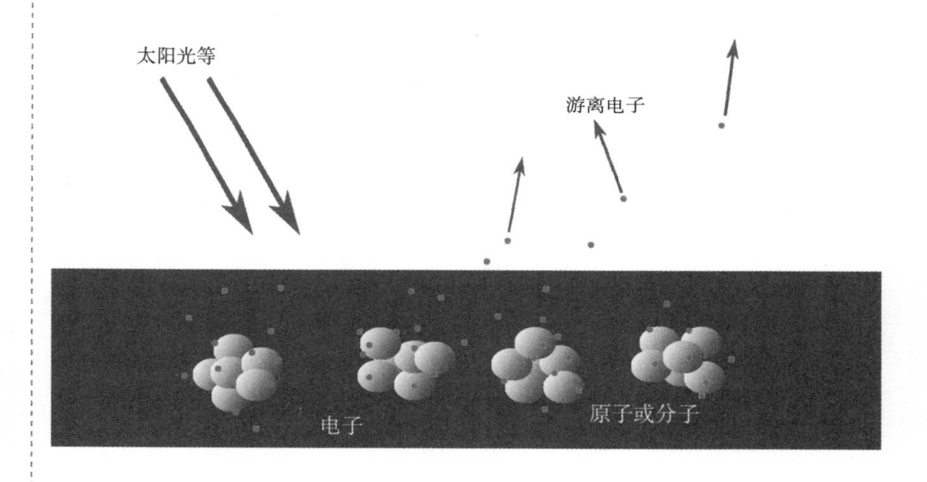

图 1-1-4　光电效应过程

图 1-1-5　阿尔伯特 · 爱因斯坦，1879—1955

可见，光量子理论可以完美地解释光电效应。另外，也可以证明光子可以与其他粒子进行能量交换，证明了光子可以将能量传给电子。如果物质的作用是相互的，那么电子应该也可以将能量传递给光子。现代照明光源就是电子的能量向光子转移的最好例证，而新光子的能量恰好等于电子损失的能量。爱因斯坦（图 1-1-5），虽然有力地证明了光的粒子特性，但是他也认为光的粒子特性是有限定条件的，即对于瞬时值时，光表现为粒子特性，而对于时间的平均值（长时间统计的平均现象），光则表现为波动性。这也是他首次提出了光的波粒二象性。

1.1.3　光的波动理论（Wave Theory）

1690 年，克里斯蒂安·惠更斯（Christiaan Huygens，1629–1695，图 1–1–6）最早讨论了光的性质问题，并提出了光的波动学说①。他认为，光在一种“以太”②（Ether）物质中如水波一样传播（图 1–1–7）③④。光波动学说是建立在三个假设的基础上的：

1）光是发光体分子振动的结果；

2）振动在“以太”物质中像水波一样向外传播；

3）传播出的振动作用于视网膜，视网膜受到刺激产生视觉。

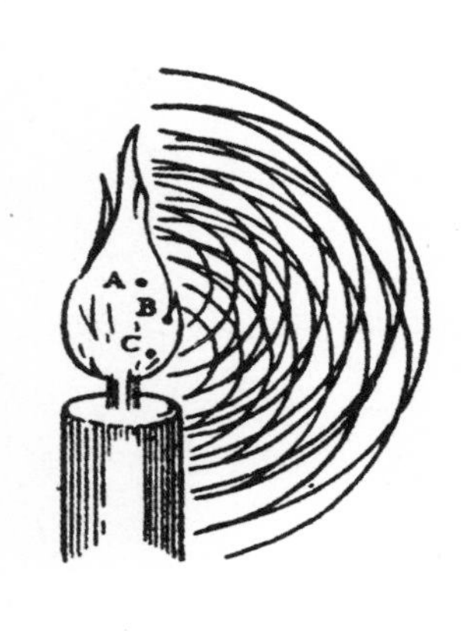

图 1–1–6　克里斯蒂安·惠更斯，1629—1695（左）
图 1–1–7　烛光与水波的相似性（右）
（来源：Huygens C. Treatise on Light[M]. Thompson SP，Translator. New York: Dover，1662）

光在很多情况下都可以表现出波动特性。例如衍射效应中，光通过障碍物的边缘后，偏离了原来的路径，发生了弥散，在衍射图案中可以看到明暗相间的像，光呈现出波动特征。

1.1.4　光的电磁辐射理论（Electromagnetic Radiation Theory）

光的波动学理论被不断优化和发展，直至 1864 年，詹姆斯·克拉克·麦克斯韦（James Clerk Maxwell，1831–1879，图 1–1–8）总结了前人对电磁现象的研究成果，建立了电磁场理论，指出光是以一种电磁波的形式存在的⑤。

图 1–1–8　詹姆斯·克拉克·麦克斯韦，1831–1879

① Light Wave Theory[M]. Berlin：Springer Berlin Heidelberg，2014.
② 以太：物理学史上一种假想的物质观念，比如真空中的物质。
③ Huygens C. Traité de la Lumière. Leiden[M]. 1690.
④ Huygens C. Thompson SP，translator. Treatise on Light[M]. New York: Dover，1662.
⑤ Lord，Rayleigh，Rs F . X. On the Electromagnetic Theory of Light [J]. Philosophical Magazine，1881.

同时，麦克斯韦还指出光是介质中起源于电磁现象的横波①，并确定了光的电磁辐射模型（图 1–1–9）。该模型建立在三个假设的基础上：

1）发光体通过向外辐射能量的方式发光；

2）辐射能通过电磁波的形式向外传播；

3）辐射能作用于视网膜，视网膜受到刺激产生视觉。

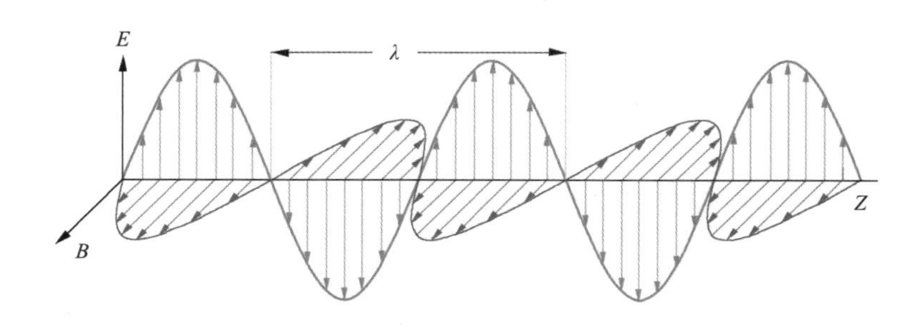

图 1–1–9　光的电磁辐射模型

图中波长为 λ 的“垂直极化”电磁波的电场矢量 E（红色）在垂直方向上振荡。磁场（B 或 H）总是与之成直角（蓝色），并且两者都垂直于传播方向（Z）。

电磁辐射的一般性质包括：

1）真空中的电磁波传播速度为光速 c，$c \approx 2.9979 \times 10^8$m/s。在介质中的传播速度与介质的折射率有关。

2）电磁波的波长范围非常广阔，从 10^{-16}~10^8m。

3）电磁波是横波，电场强度（E）和磁场强度（B）与传播方向（Z）垂直，并且三个矢量方向组成右手螺旋。

4）伴随电磁波的传播，能量也进行传播。

5）带电粒子运动在加速度时就会产生电磁辐射。

光是一种电磁辐射，在产生光的过程中就一定有带电粒子——电子的运动。

首先要了解原子的结构，才能够很好地了解什么是电子的运动。原子是由原子核和周围一定的电子组成的，它的结构类似于太阳系的结构。电子在原子核周围按照各自的轨道旋转，距离核最近的电子能量低，被原子核吸引，远离原子核的电子能量高。低能量的电子和高能量的电子

① 横波：振动方向与传播方向垂直的波。

分别处于不同的能级。在正常的情况下，这些电子在特定的轨道上或者是能级上固定运转，此时原子并不发出辐射。当原子接收一定能量时，如太阳光照、加热或输入电能等，这些电子就可以获得更高的能量。此时，获得能量的电子就从低能级向高能级跃迁。而当能量输入中断时，电子无法保持能量并停滞于高能量的能级，电子就要从高能级向低能级掉落，而此时根据能量不变原理，电子从高能量级向低能量级掉落跃迁时将放出多余的能量，即电磁辐射或光子，如图 1–1–10 所示。该原理是发光二极管以及气体光电光源发光的基本原理。通过电子跃迁发光的特征通常与固态或者气态物质的结构，以及物质所获取和释放的能量特征有关。

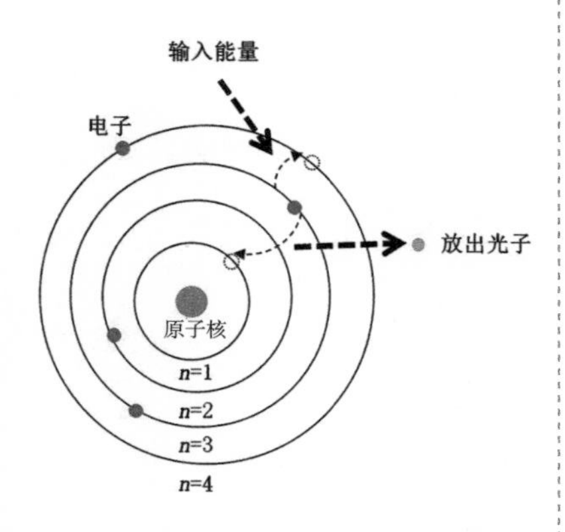

图 1–1–10　原子发光原理图

光作为一种电磁波可以使用波长（λ）、频率（f）、速度（c）三个性质对其进行描述。其中，波长指一个振动周期内传播的距离；频率是周期性运动中物体单位时间内振动的次数，$f=1/T$，单位赫兹（Hz），或周 / 秒。1 赫兹等于每秒 1 周。光速指光在介质中传播的速度，记作 c，单位米每秒（m/s）。光在真空中的速度约为 2.9979×10^{8}m/s。在不同介质中光的速度有所差异。

光速、波长和频率有如下关系：

$$c=f\cdot\lambda \tag{1.1–3}$$

不同介质中光的速度与介质对光的折射率、光在介质中的波长、光的频率有关。

不同介质中光的速度可用下列公式计算：

$$c=\frac{\lambda f}{n} \tag{1.1–4}$$

波长与电子跃迁时两个能级之间的电位差有关，关系如下式：

$$\lambda=\frac{1239.76}{V_{\mathrm{d}}} \tag{1.1–5}$$

V_{d}——电子跃迁两个能级之间的电位差（U）。

频率与电子跃迁时所处的不同轨道的能量有关，其计算公式如下：

$$f=\frac{E_2-E_1}{h} \tag{1.1-6}$$

式中：E_2——高能级能量（J）;

E_1——低能级能量（J）;

h——普朗克常数，h=6.626×10^{-34}J·s。

生活中常见的太阳光由紫外线、可见光和红外线等组成。不同的光波长不同，其各自的能量形式也不同。因此，这些光对其他对象作用时就会产生不同的效果。如表 1-1-1 所示，紫外线频率高、能量也高。根据紫外线波长不同分为三类：紫外线 C、B、A。其中，能量最高的紫外线 C 能够破坏生物细胞，因此具有杀菌作用；而稍弱一些的紫外线 B 和 A 能够高频振动，从而加热和穿透我们的皮肤约 2cm，容易引起晒伤。我们常说的防晒其实防的是紫外线 B 和 A。可见光波长 380~780nm，是能够引起我们视觉细胞反应的电磁发射波段，因此，这一部分光能够被我们看到，称为可见光。相比较红外线属于长波电磁辐射，频率较低。红外线的频率与地球上很多物体分子的振动频率接近，因此，红外线更容易引起物体的分子振动而产生热量。同时，相比较短波段电磁波，这种长波段的电磁波穿透能力更强（试想低频的地震波）。正因为红外线具有这样的电磁辐射特性，所以太阳发射出的红外线部分更容易穿透大气层，以热的形式到达地面并被我们感受到。

紫外线、可见光、红外线分类与特征统计表　　表 1-1-1

名称	分类	对应波长	不同波长及其特性	
紫外线（UV）（Ultraviolet Light）	紫外线 C（UVC）	100~280 nm	180~220 nm	产生臭氧
			220~300 nm	杀菌
	紫外线 B（UVB）	280~315 nm	280~320 nm	产生红斑
	紫外线 A（UVA）	315~400nm	300~400 nm	黑光
可见光（Visible Light）		380~780nm		多彩，可见
红外线（IR）（Infrared Light）	近红外线	0.78~1.4 μm		穿透性强，具有一定的热效应
	中红外线	1.4~3.0 μm		
	远红外线	3.0~10^3 μm		

1.2　光的传输（Light Transmission）

1.2.1　反射（Reflection）

电子受到光照射后，可以发生多种变化。前面已经讲过，电子接收光的能量后会发生能级跃迁，或者将吸收的能量以热运动的方式传递给其他电子，这也是光对物品加热的原理。还有一种情况是当获得的能量更大时电子可以脱离原子，形成光电效应（图 1-2-1）。除此之外，高速运转的电子所形成的外膜还可以将接触的吸收不了的光子立刻发射出去，这个过程就是材料对光的反射[①②]。

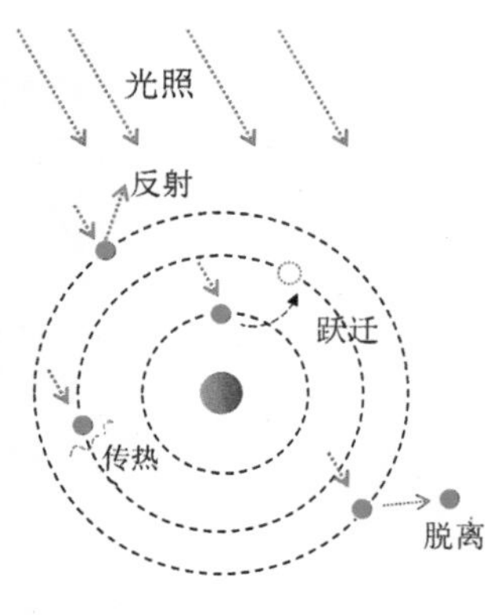

图 1-2-1　电子受光照后呈现的四种状态

从几何学角度分析光，反射是指光从入射落在材料上到离开该材料的过程。该过程包括三种类型：镜面反射、漫反射和扩散反射。全部反射过程符合反射定律：

1）入射光线、反射光线、法线位于同一平面内；

2）入射光线、反射光线分别在法线两侧；

3）入射角等于反射角。

通常使用光谱反射率来描述材料对光的反射过程。

1.2.2　透射（Transmission）

光的透射是光辐射穿透某种物质时被吸收的过程，如玻璃、水等。

物质吸收光辐射时遵循一定的规律。1728 年 P · 布格首先指出光吸收与吸收层厚度有关系。1768 年 J · H. 朗伯、1852 年 A · 比尔指出光的吸收与吸收物质的浓度有关系[③]，这个关系称为朗伯 - 比尔定律。

朗伯 - 比尔定律指出单色光透过均匀低浓度介质时，未被吸收的且透过介质的光强 A（吸光度）可按下式计算：

---

① Saleh，B.E.A and Teich，M.C. Fundamentals of Photonics[M]//Wiley Series in Pure and Applied Optics.New York：John Wiley & Sons Inc，1991.

② Parker C J . Optical Materials—Refractive-Science Direct[J]. Applied Optics and Optical Engineering，1979，7：47-77.

③ B.S.，Wherrett.Optical Properties of Solids[J].Journal of Modern Optics，2010，20（3）：250.

$$A=\lg(1/\tau)=\varepsilon lc \qquad (1.2-1)$$

$$\tau=I/I_0 \qquad (1.2-2)$$

式中：τ——材料的透射率；

I_0——入射单色光强度；

I——透射光强度；

c——吸光物质浓度；

l——吸光物质厚度；

ε——吸光物质的摩尔[①]吸光系数，表示物质分子对特定波长光的吸收能力。表示物质浓度为1mol/L、吸收层厚度为1cm时溶液的吸光度。该值与入射光波长、吸光物质性质、溶剂性质及温度有关。

1.2.3 折射（Refraction）

光在穿过不同透明介质时会发生折射，如光从空气中进入水中会发生折射。光发生折射主要取决于光的两个特性：一个是光在不同介质中传播的速度不同；另一个是从波动学角度看，光属于横波，表示光的振动方向与传播方向垂直[②]（图1–2–2）。首先，看波速，我们知道光在真空中传播最快，约为每秒300000km。而光在水中的传播速度会明显减慢。因此，光以波的形式按照某个角度到达水面时，波峰与波谷并不能够同时到达。因此，就会出现先到的光在水中以较慢的速度传播，为了在水中波峰和波谷连贯的同时前进，先到的光需要调整传播的路径，使后到的光能够尽快赶上。这时可以将光波的波峰和波谷看作两束光，只有两束光同时前进时光波才成立。

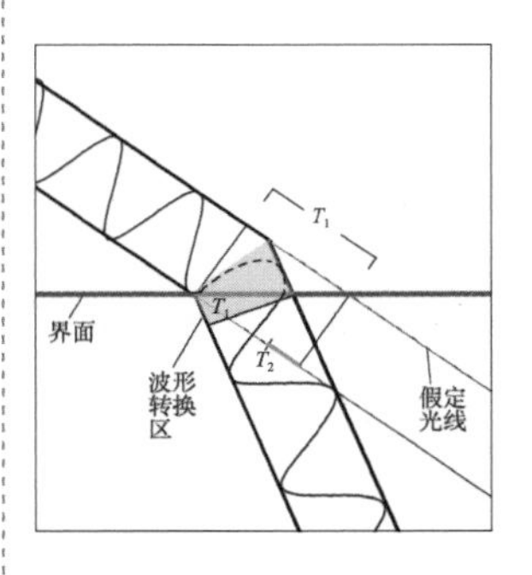

图1–2–2 折射原理图

由此可见，光在不同介质中发生折射时，折射的角度与介质的特性及光在介质中的传播速度有关。

1.2.4 衍射（Diffraction）

让光透过一个狭缝落在远处的屏幕上时，如果狭缝越来越窄，会发

① 摩尔：物质的量的单位，mol。1摩尔氧气中就有6.02×10^{23}个氧分子。

② Fitzgerald，G，F. On the Electromagnetic Theory of the Reflection and Refraction of Light [J]. Proceedings of the Royal Society of London，1878.

现屏幕上的光图像也会越来越窄。但是，当狭缝窄到一定程度时，狭缝后的图像反而会变宽，且越来越模糊，这就是光的衍射现象（图 1–2–3）。[1] 衍射现象也反映了光波遇到障碍物后或多或少地偏离几何光学传播定律路径的现象。

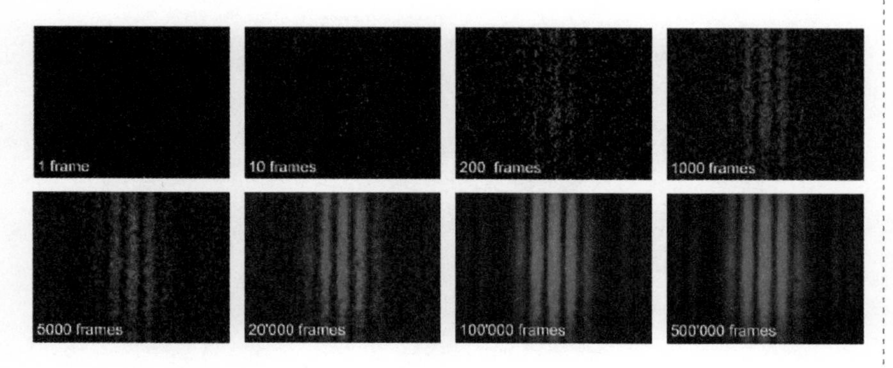

图 1–2–3 光的衍射实验（来源：Dimitrova T L，Weis A. The Wave–particle Duality of Light：A Demonstration Experiment[J]. American Journal of Physics，2008，76（2）：137–142）

几何光学显示光在均匀介质中会沿直线传播，在两种介质的交界面会发生反射或折射。但是，光这种电磁波，在穿过有孔的屏障以后，其强度可以波及按直线传播定律所划定的几何阴影区。在这些阴影区会出现某些暗斑或暗纹，这个分布既与直线传播的光的分布不同，又与自由传播的光的分布有所差异，此处衍射光呈现出一种新的分布状态。

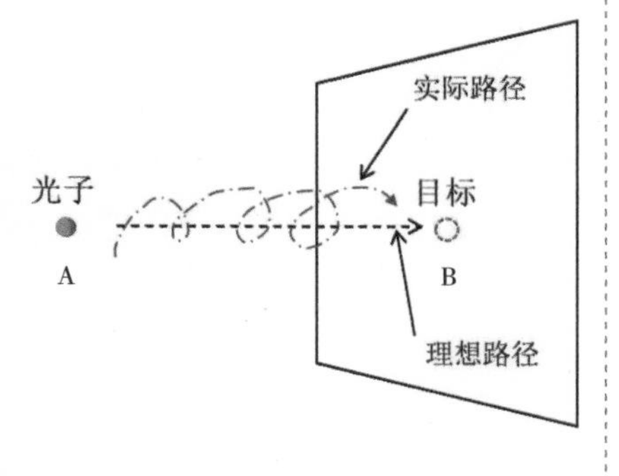

图 1–2–4 光子路径偏移示意图

这种分布状态可用光粒子到达屏幕的概率来进行分析，并使用概率幅来进行描述，如图 1–2–4 所示。假设连接光子的出发点 A 与承接屏幕上的一点 B 为一条直线时，如果光子从 A 到 B，可以认为光是沿直线传播的。但当光发生衍射时，多个光从 A 点发出，但是并未都落在 B 点，这说明有部分光子偏离了 A 到 B 这条线，也说明有部分光子的传播路径并不是直线。而多少光子偏离了直线，偏离了多少就可以用概率幅来分析。这是一个假设的量，是连接光的粒子特性与波动特性的重要桥梁。

① Gooch J W . Huygens' Theory of Light[J]. New York: Springer，2011.

1.3 视觉（Visual）

1.3.1 人眼结构（Human Eye Structure）

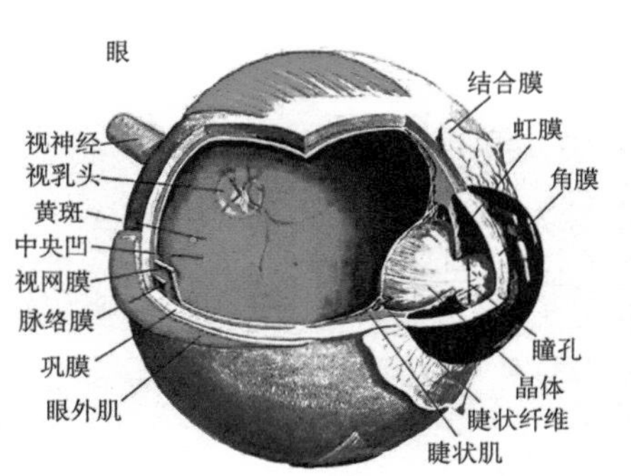

图 1-3-1 人眼结构图

眼睛是重要的视觉器官。不同生物眼睛的结构不同。人眼是一个球形器官（图 1-3-1），从前到后眼睛的直径约为 24mm，包括眼球壁和眼球内容物两部分①。

眼球壁分为外层、中层和内层。

眼球壁外层有角膜和巩膜，中央角膜的曲率半径为 7.8mm。

中层包括：虹膜、睫状体和脉络膜。虹膜中心有圆孔为瞳孔，瞳孔在亮光下只有 2mm，而有些人可以打开 8mm。瞳孔的大小个体差异较大，且随着年龄的增长瞳孔会减小。睫状体位于虹膜外侧，是一个环形组织。脉络膜位于巩膜的内侧，布满大量血管。

内层主要是视网膜，视网膜上布满视觉细胞：视锥细胞（约 5×10^6~7×10^6 个）和视杆细胞（约 1.2×10^8 个），如图 1-3-2 所示。两种细胞在视网膜上分布并不均匀，在眼底的正后方有一个特殊区域——感光层，内含有叶黄素，在绿光的照射下呈黄色，称为黄斑区。这里的视觉最敏锐。在黄斑区附近有一个漏斗状凹陷，称为中央凹，直径为 0.3mm，这里是视神经的起点和眼内动静脉的进入口，这里只有神经纤维、没有感光细胞，因此，此处无视觉功能②③④。

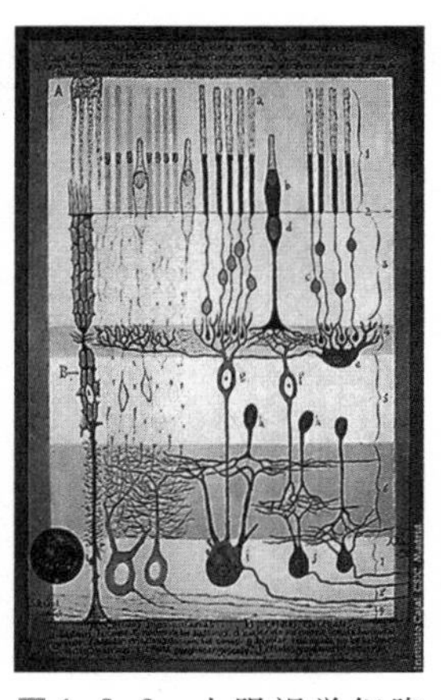

图 1-3-2 人眼视觉细胞结构图
（来源：S. Ramón y Cajal，Structure of the Mammalian Retina [J].Journal of Neurology，1900）

眼球内容物包括：晶状体、房水和玻璃体。晶状体是类似双凸透镜的组织，前表面曲率半径为 10mm，后表面曲率半径为 6mm。

房水：眼球内部的一种组织液，约 0.15~0.3mL，具有维持眼内压力的作用。

玻璃体：眼的一种半固体物质，位于晶状体和视网膜之间，起屈光和固定视网膜作用。

---

① Atchison D A，Smith G . Optics of the Human Eye[M].Oxford：Butterworth-Heineman，2001.

② Land，Michael F . The Human Eye：Structure and Function[J]. Nature Medicine，1999，5（11）：1229.

③ Masland R H，Rizzo J F，Sandell J H . Developmental Variation in the Structure of the Retina[J]. The Journal of Neuroscience，1994，13（12）：5194-5202.

④ Purnyn H . The Mammalian Retina：Structure and Blood Supply[J]. Neurophysiology，2013，45（3）：266-276.

1.3.2　光的感知（Perception of Light）

光需要穿过角膜、房水、晶状体、玻璃体才能够到达视网膜。这个过程中大概有 50% 的光子被组织吸收。落在视网膜上大概只有 20% 的光子能够产生生物电并引起视觉，即 100 个光子进入眼睛，经过吸收和视觉大概只有 10 个光子能够产生视觉。

同等光照情况下，随着年龄的增大，瞳孔直径减小，晶状体弹性减小，这两种效应共同作用，导致随着年龄的增长，视网膜上接收到的光子数量在减少[①]。

人眼可以感受到的最少的光子数量在 25~150 之间，而这些光子到达人眼视网膜的数量将会更小。可见，视觉细胞的敏感度非常高。

视觉细胞的敏感度与光的波长有关。视杆细胞的最大敏感度位于蓝绿光区（507nm），视锥细胞的最大敏感度位于黄绿光区（505nm）[②]。当光子到达视觉细胞的时间短于视杆细胞的视觉积分时间 200ms 时，视觉灵敏度就不受影响。超出该范围我们会感受到光的变化。当达到视网膜的光子数量不足时，我们的瞳孔会放大，同时眼睛的敏感度会迅速升高。现实生活中关灯后 20min，我们的视觉敏感度会提升到原来的 2000 倍[③]。

需要注意的是，我们人眼中除了视锥细胞、视杆细胞外，还有另外一种光敏细胞。这种细胞含有一种叫视黑蛋白的色素（图 1-3-3），数量约占神经节细胞的 0.2%，这种细胞不仅可以接收到视锥细胞和视杆细胞发出的信号，其自身就对光敏感，并可以通过光照的变化控制瞳孔的收缩[④⑤]。同时，这种光敏细胞接收的信号

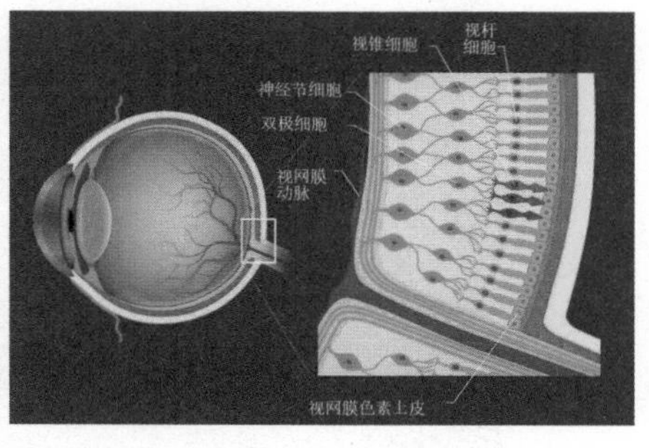

图 1-3-3　第三种光敏细胞——光敏视网膜神经节细胞示意图

① Sekaran S，Foster R G，Hankins M W，et al. Phototransduction in Photosensitive Retinal Ganglion Cells[J].Investigative Ophthalmogy & Visual Science（IOVS），2009.

② Faao G C，Bscphd G S . Light Level at the Retina[J]. Optics of the Human Eye，2000：117-128.

③ Detwiler P B . Phototransduction in Retinal Ganglion Cells[J]. The Yale Journal of Biology and Medicine，2018，91（1）：49-52.

④ AD G ü ler，Ecker J L，Lall G S，et al. Melanopsin Cells are the Principal Conduits for Rod-cone Input to Non-image-forming Vision.[J]. Nature，2008，453（7191）：102-105.

⑤ Guido M E，Garbarino-Pico E，Contin M A，et al. Inner Retinal Circadian Clocks and Non-visual Photoreceptors：Novel Players in the Circadian System[J]. Progress in Neurobiology，2010，92（4）：484-504.

不直接报告给大脑视皮层，而是报告给人体的“昼夜节拍器”。因此，很多盲人虽然视锥细胞、视杆细胞出现了障碍，但是他们的瞳孔反射是正常的，他们可以根据外界太阳光的变化感受和适应时差。这也是光照影响人体昼夜节律的根本原因[①②]。

1.3.3 色的感知（Perception of Color）

人眼中的感光细胞主要有视锥细胞和视杆细胞。其中，在黄斑区附近分布密集的锥细胞又分为三种类型：L 型、M 型和 S 型。

这三种细胞并不是等量均匀地分布在视网膜上。通过生物染色技术可以发现，同一区域内 L 型细胞为红色显示，数量多且密集；M 细胞为绿色显示，较为分散；S 型细胞为蓝色显示，数量最少，最为分散。三种细胞有不同的颜色偏好，光敏感度（图 1–3–4）也不同。其中，S 型视锥细胞对蓝紫光比较敏感，M 型视锥细胞对绿光比较敏感，L 型视锥细胞对红光比较敏感（图 1–3–5）。因此，当不同频率的光子到达人眼睛时能够引起不同细胞的视觉刺激，我们就可以识别出不同的颜色。但是，为什么只有三种颜色细胞就可以识别很多颜色了呢？

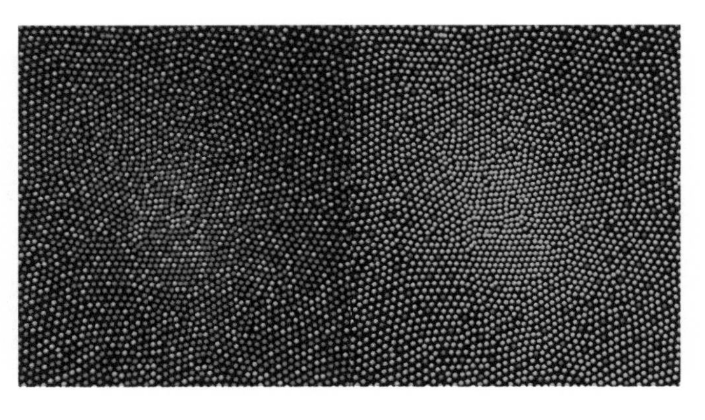

图 1–3–4 三种锥细胞分布图

由于这三种类型的锥细胞在视网膜上的均匀度差异较大，相互穿插排布在视网膜上。这种排布与显示器上像素的排布非常像。我们眼睛感受颜色的过程也与显示器呈现出的不同画面的原理接近。如图 1–3–6 所示，当我们在显示器上看到黄绿色时，很可能是一定数量的绿色像素和

① Berson，D. M . Phototransduction by Retinal Ganglion Cells That Set the Circadian Clock[J]. Science，2002，295（5557）：1070–1073.

② Altimus C M，Legates T A，Hattar S . Circadian and Light Modulation of Behavior[J]. Neuromethods，2009，42：47–65.

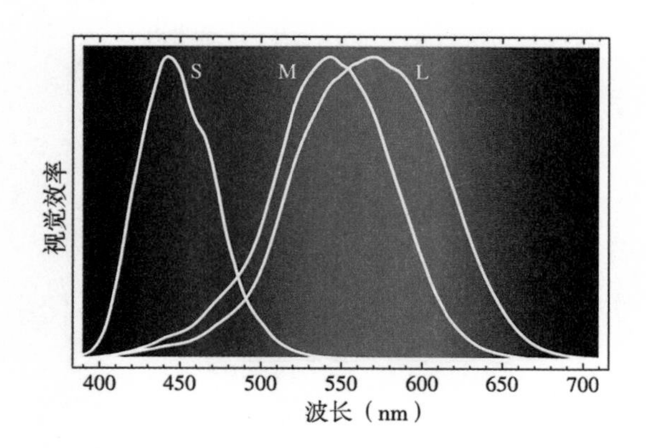

图 1–3–5　三种锥细胞的视觉效率

红色像素交替显示，而当距离较远时，我们看到的就是黄绿色。

不同类型视锥细胞对不同波长的光感受不同，那么，不同能量的光子刺激下的三类细胞就可以产生相应大小的信号，而这些信号的组合就可以对应不同的颜色。也就是说，三类视锥细胞可以通过产生不同强度的组合信号而产生不同的颜色。

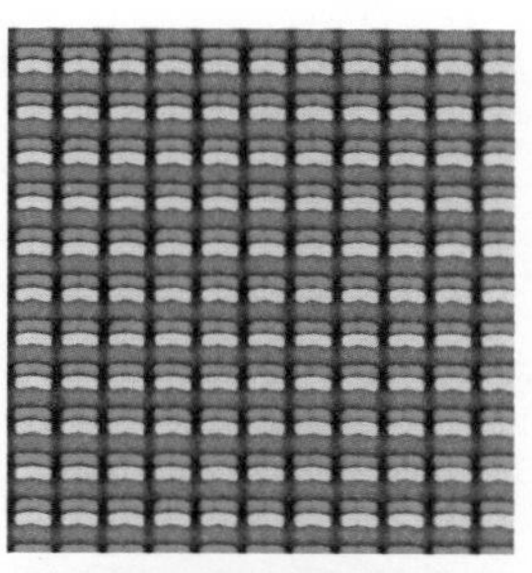

图 1–3–6　不同像素颜色组合效果

1.3.4　视场（Visual Field）

视场是指眼睛能够看到的空间或范围。[①②]

正常人的视场，单眼在水平方向上向鼻子内侧可延伸 60°，向鼻子外侧可延伸 107°。在垂直方向向上延伸 70°，向下延伸 80°。[③④⑤⑥]

在水平方向上，单眼的视看范围（是指在不转动眼球、脖颈的前提下）左右眼大约各是 95°，双眼视野共 190°。在转动眼球后，左右视野将增加 15°。双眼重合的视野角度是 120°，视觉舒适角度是 60°，能感知色彩的范围是 70°（图 1–3–7）。在垂直方向上，人眼视觉角度大约上方 60°，下方 75°，共 135°，舒适角度 55°。

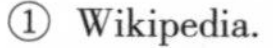

① Wikipedia.

② Visual field：MedlinePlus Medical Encyclopedia. Medlineplus.gov.

③ Rönne，Henning. “Zur Theorie und Technik der Bjerrumschen Gesichtsfelduntersuchung” [M]. Archivfür Augenheilkunde. 1915，78（4）：284–301.

④ Traquair，Harry Moss. An Introduction to Clinical Perimetry[J].American Journal of Ophthalmolog，1944，27（5）：550–551.

⑤ Clark,Vivian.Clinical Methods: The History, Physical, and Laboratory Examination（Book）[J]. Journal of Materials Science, 1000，264（21）：2808.

⑥ Similar limits were already reported in the 19th century by Alexander Hueck（1840，p. 84）: Outwards from the line of sight I found an extent of 110°，inwards only 70°，downwards 95°，upwards 85°. When looking into the distance we thus overlook 220°of the horizon.” Hueck，A. Von den Gränzen des Sehvermögens. Archiv f ü r Anatomie，Physiologie und wissenschaftliche Medicin，1840：82–97.

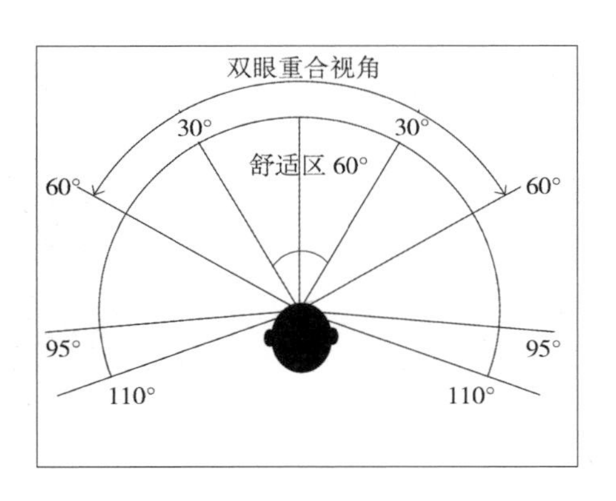

图 1–3–7 水平视野

1.3.5 视觉适应（Visual Adaptation）

明视觉（Photopic Vision）：亮度约在 10cd/m² 时，人眼的视觉反应主要由视网膜上分布的视锥细胞感受决定[①②]。

暗视觉（Scotopic Vision）：亮度小于 0.001cd/m² 时，视觉反应由视网膜上的视杆细胞感受决定，并且没有颜色的感知。

中间视觉（Mesopic Vision）：视锥细胞和视杆细胞都活跃的状态。

对明视觉和暗视觉以及中间视觉的研究用于夜间照明设计较多。

The Lighting Handbook《照明设计手册》总结了三种视觉的适应状态。

视觉适应是视觉器官的感觉随外界亮度的刺激而变化的过程，有时也指这一过程达到的最终状态。视觉适应是视网膜适应各种光线水平的能力。[③] 当人们从明亮环境走到黑暗环境（或相反）时，就会产生一个原来看得清，突然变成看不清，经过一段时间才由看不清东西到逐渐又看得清的变化过程，我们将此情况叫作适应。[④]

视觉适应的机制主要是指神经活动的重新调整，瞳孔的变化及明视、暗视觉功能的转换。

人眼受到光的刺激，杆体细胞会失去敏感性，当人眼处于黑暗环境中，杆体细胞开始起作用，但需要半小时的时间才能恢复敏感性。[⑤]

① Young R，Teller D Y . Determination of Lights that are Isoluminant for Both Scotopic and Photopic Vision[J]. Journal of the Optical Society of America A，1991.

② Wilson H R，Giese S C . Threshold Visibility of Frequency Gradient Patterns[J]. Vision Research，1977，17（10）：1177–1190.

③ Miller R E I, Tredici T J. Night Vision Manual for the Flight Surgeon[R].1992.

④ 刘加平 . 建筑物理 [M]. 第四版 . 北京：中国建筑工业出版社，2009：188.

⑤（美）威肯斯 . 人因工程学导论 [M]. 张侃，译 . 上海：华东师范大学出版社，1999：63.

视觉适应能够引起感受性的提高，即刺激物由强向弱过渡；也可以引起感受性的降低，即刺激物由弱向强过渡。视觉适应使人能够在不断变动的环境中进行精细的视觉信息分析，准确应对环境刺激中的反应。视觉适应是人类在长期生存发展中逐渐形成并固定的生物本质。

明适应：由黑暗环境进入明亮环境，眼睛过渡到明视觉的状态，所需时间为几秒钟或几分钟。人眼中视锥细胞在更高的光照水平下发挥作用。[①]

暗适应：由明亮环境进入黑暗环境转换称为暗视觉状态，所需时间为十几分钟到半小时。人眼通过视杆细胞进行夜视。

照度：照度决定了视觉适应的水平，在阅读、检查等视觉任务中具有突出作用。[②]

频繁的视觉适应会导致视觉迅速疲劳，人眼从白天视力过渡到夜间视力，需要经历长达两个小时的暗适应期。[③]

1.3.6 可见度（Visibility）

可见度属于照明质量的评判标准之一，是指从视野中提取信息的能力。[④]

照明设计中十分重视可见度，对比度、亮度、时间以及尺寸是影响物体可见度的重要因素。另外，眩光也会影响看物体的清楚程度。

个体因素也会对可见度产生影响，即年龄也会影响这种关联。对于年龄较大的人，为了达到与年龄较小的人相当的可见度水平，看到的物体必须更大、更明亮，并有更高的对比度。通常高照度可以抵消低对比度和小尺寸导致的可见度损失[⑤]。

（1）可见度与亮度的关系[⑥]

人能看见的最低亮度（最低亮度阈）是 10^{-5}asb。[⑦]

---

① Miller R E I, Tredici T J. Night Vision Manual for the Flight Surgeon [R].1992.
② BLOCK J. The IESNA Lighting Handbook[M]. 9th Edition. New York：IESNA，2000：899.
③ Rebecca Holmes，“Seeing Single Photons”. Physics World，December 2016.
④ IESNA Lighting Handbook 9th Ed. by Illuminating Engineering Society of North America（z-lib.org）.
⑤ IESNA Lighting Handbook 9th Ed. by Illuminating Engineering Society of North America（z-lib.org）.
⑥ 刘加平. 建筑物理 [M]. 第四版. 北京：中国建筑工业出版社，2009：186.
⑦ asb=0.3183cd/m^2。

如图 1-3-8 所示，令人感到满意的照度最大百分比约在 1500~3000lx 之间。一般认为当亮度超过 16sb 时人就会感到刺眼。

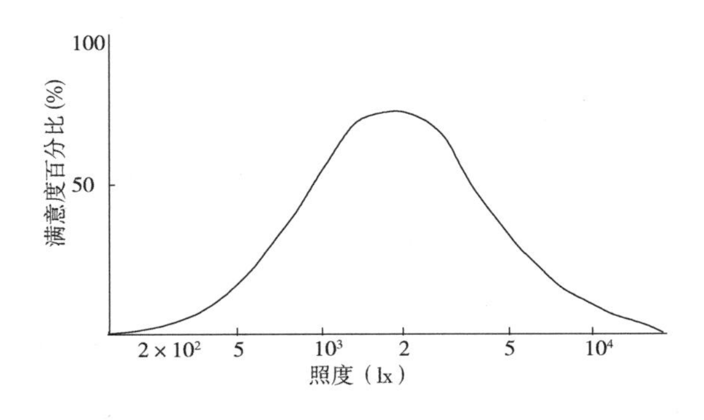

图 1-3-8　满意照度百分比统计图

可见度与物体相对尺寸的关系如图 1-3-9 所示，物体可见度与物体相对尺寸 α 有关，α 可依据下式进行计算：

$$\alpha=3440\frac{d}{l}\ (')\qquad(1.3\text{-}1)$$

式中：α——眼睛至物体的距离 i 形成的视角；

l——眼睛至物体的距离；

d——物件尺寸（指需要辨别的尺寸）。

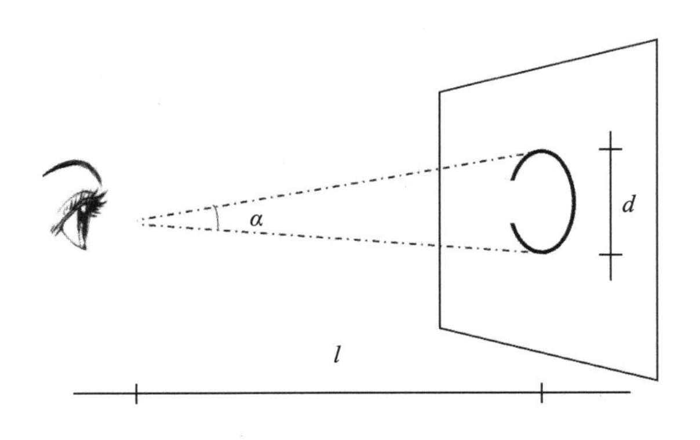

图 1-3-9　物体相对尺寸示意图

（2）可见度与亮度对比度的关系[①]

亮度对比度差异越大，可见度越高。

$$C=\frac{L_i-L_b}{L_b}=\frac{\Delta L_i}{L_b}\qquad(1.3\text{-}2)$$

① 刘加平 . 建筑物理 [M]. 第四版 . 北京：中国建筑工业出版社，2009：187.

式中：C——亮度对比度；

L_i——目标亮度；

L_b——背景亮度；

ΔL_i——目标与背景的亮度差。

对于均匀照明的无光泽背景和目标，亮度对比度可用光反射比表示，公式如下：

$$C=\frac{\rho_i-\rho_b}{\rho_b} \quad (1.3\text{-}3)$$

式中：ρ_i——目标反射率；

ρ_b——背景反射率。

可见度与识别时间的关系。如图 1-3-10 所示，物体大小一定，相对尺寸一定情况下，物体背景越亮，识别时间越短。

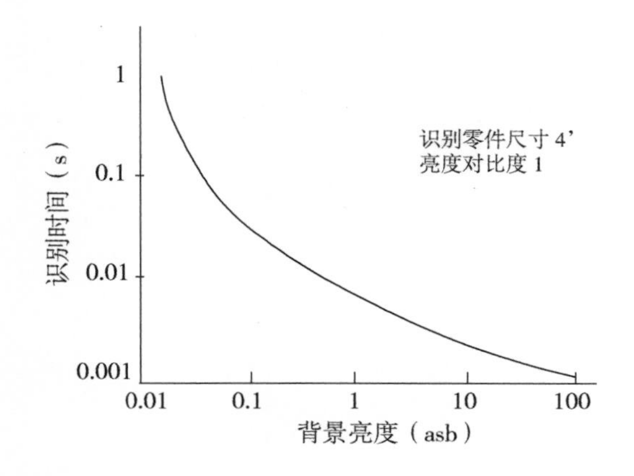

图 1-3-10　背景亮度与识别时间关系图

1.3.7　光的非视觉效应（Non-Image-Forming System）

由光量子特性可知，入射光子可以将能量传递给电子，从而使电子获得更多的能量，以至于从原子中脱离出来。同样道理，当由多个原子构成分子，受到光的照射，电子在分子内部发生位移时，可以破坏分子之间的化学键，从而形成新的化学键，这样就发生了光化学反应。这种分子结构被光改变的过程称为光致异构化（图 1-3-11）。如果原始

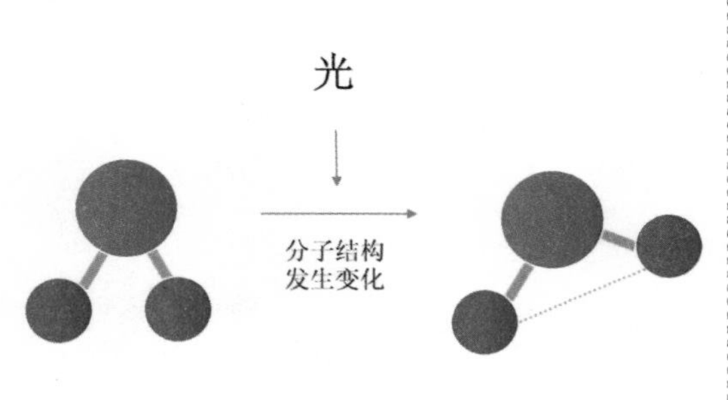

图 1-3-11　光致异构化示意图

的化学键是人体 DNA 结构的一部分，那么特定频率的关照就可能导致该化学键的变化，即导致 DNA 突变。如光导致 DNA 损伤，从而形成皮肤癌。新生儿的肝脏还未成熟，因此无法消耗掉血液中的过量反式胆红素，只需要进行简单的光疗法，用蓝光照射，就可以将反式胆红素分子异构化，形成顺式胆红素，清除早产儿血液中过量的反式胆红素。这些都是光的非视觉效应。

1.4 光度量（Basic Quantities in Illumination）

1.4.1 光通量（Luminous Flux）

光源向外发射了多少能量我们可以用辐射通量（Φ）表示，单位为 W。这部分能量中既包括可见光部分所具有的能量，也包括非可见光部分所具有的能量，如红外线、紫外线等具有的能量。

但是，由于人眼对不同波长的光敏感程度不同，并且可见光范围之外具有一定辐射能量的光并不能够被人眼感知。因此，不能够使用辐射通量来衡量人眼看到了多少光，而需要使用标准光度观察者对光的感觉来衡量。国际上使用光通量来表示光源输出了多少可见光，符号为 Φ，单位为流明（lm）。

通常 100W 的白炽灯输出的光通量为 1200~2400lm。100W 的荧光灯输出的光通量为 5000~12000lm。

对于明视觉，光通量可使用下式进行计算：

$$\Phi=k_{m}\int V(\lambda)\ \Phi_{e\lambda}\mathrm{d}\lambda \tag{1.4–1}$$

式中：Φ——光通量（lm）；

k_{m}——光谱光视效能最大值，在明视觉是为 683lm/W；

$\Phi_{e\lambda}$——波长为 λ 的辐射通量（W）；

$V(\lambda)$——波长为 λ 的光的光谱光视效率，可由图 1–4–1 查出。

其中，光谱光视效率（Spectral Luminous Efficiency）是 CIE 标准光度观察者对不同单色辐射光的相对灵敏度的统计数据图[①]，如图 1–4–1 所示。明视觉（黑线）和暗视觉[①]（绿线）光度函数。明视觉包括 CIE 1931

① CIE 1988 Modified 2° Spectral Luminous Efficiency Function for Photopic Vision", VM（λ），CIE 86–1990.

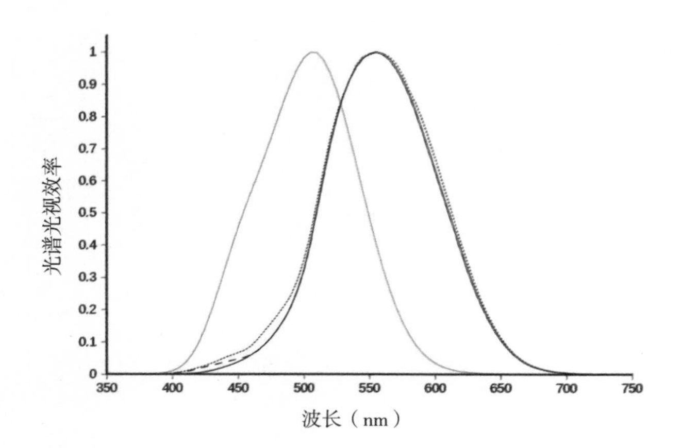

图 1–4–1　光谱光视效率曲线图

标准（实线）、Judd Vos 1978 修改数据（虚线）和 Sharpe，Stockman，Jagla&Jägle 2005 数据（虚线）。横轴的波长单位为 nm。在明视觉条件下（亮度约在 10cd/m^2 时），人眼对 555nm 的黄绿色光最敏感，此时的光谱光视效率 $V(\lambda)=1$。在暗视觉条件下（亮度小于 0.001cd/m^2 时），人眼对 507nm 的蓝绿色光最敏感，此时的光谱光视效率记作 $V'(\lambda)=1$。

1.4.2　照度（Illuminance）

我们用照度概念来衡量被照面上接收了多少光通量。照度可以表示物体被可见光照射的程度。照度的符号为 E，单位是勒克斯（lx）。它表示被照面上的光通量密度。被照面上任意一点的照度是入射在该点面元上的光通量 $\mathrm{d}\Phi$ 除以该面元面积 $\mathrm{d}A$ 之商，计算公式如下：

$$E=\frac{\mathrm{d}\Phi}{\mathrm{d}A} \tag{1.4-2}$$

当光通量均匀分布在被照表面上时，则此被照面各点的照度均匀，计算公式如下：

$$E=\frac{\Phi}{A} \tag{1.4-3}$$

式中：E——照度（lx）;

Φ——光通量（lm）;

A——被照表面面积（m^2）。

可见，1lm 光通量均匀地分布在 1m^2 的被照面上，所产生的照度为 1lx。照度还有另外一个单位是英尺烛光，符号为 fc，1fc=10.764lx。

常见的照度值如下：

阳光直射照度约 6×10^4~10×10^4lx；

阴天室外照度约 1×10^3~1×10^4lx；

晴天室内约 100~700lx；

满月下地面照度约为 0.2lx；

在 40W 白炽灯下 1m 处的照度约为 30lx，加一伞形灯罩后照度会增加。

1.4.3　发光强度（Luminous Intensity）

如图 1-4-2 所示，O 为点光源，该光源向 A_1、B_1、C_1、D_1 面发出光束（光通量），所有光束就形成了以 O 点为顶点，A_1、B_1、C_1、D_1 面为包络面的角，这个角就是立体角，符号为 Ω，单位球面度（sr）。发光强度与立体角有关，是指光源在特定方向上单位立体角 $d\Omega$ 内发出的光通量 $d\Phi$。发光强度还可以理解为光通量的空间密度。符号为 I，单位为坎德拉（cd）。其计算公式为：

$$I=\frac{d\Phi}{d\Omega} \tag{1.4-4}$$

式中：I——发光强度（cd）；

Φ——光通量（lm）；

Ω——立体角（sr）；

因此，1cd=1 lm/sr。

立体角的计算公式为：

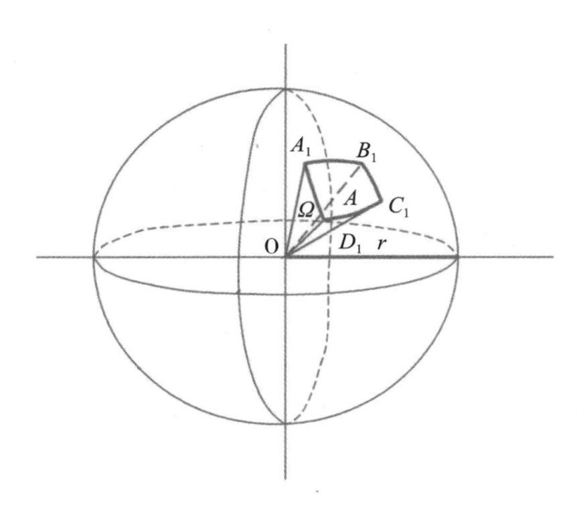

图 1-4-2　发光强度（立体角）计算示意图

$$d\Omega=\frac{dA\cos\alpha}{r^2} \quad (1.4\text{–}5)$$

式中：A——以 A_1、B_1、C_1、D_1 为顶点的面的面积；

r——球的半径；

α——面积 A 上的微元 dA 和 O 点连线与微元法线之间的夹角。

当微元 dA 与 A 重叠时，$\Omega=A/r^2$。

由此可见，半径为 r 的球体表面积 $A=4\pi r^2$，因此该球体对应的内部全空间立体角 $\Omega=4\pi$；同理，半个球所对应立体角 $\Omega=2\pi$。

因此，依据发光强度的计算公式可知：当光通量不变时，空间立体角减小，发光强度会增大。

如给一个全裸的白炽灯加上一个向下的伞形灯罩。那么，除少数光通量被吸收外，其余的光通量都会向下反射，下方的光通量会增加，同时伞形灯罩也会减小下方的立体角。因此，光通量的空间密度会增大，发光强度会提高。

一个点光源在被照面上形成的照度，可通过发光强度和照度这两个基本量之间的关系求出。如图 1–4–3 所示，距点光源 O 分别为 r、$2r$、$3r$ 外立体角相同的 3 个面积 A_1、A_2、A_3，则表面 A_1、A_2、A_3 的面积比为它们距光源的距离平方比，即 1 ∶ 4 ∶ 9。设光源 O 在这 3 个表面方向的发光强度不变，即单位立体角的光通量不变，则落在这 3 个表面的光通量相同，由于它们的面积不同，故落在其上的光通量密度也不同，即照度是随他们的面积而变，由此可推出发光强度和照度的一般关系。从式（1.4–3）可知，表面的照度为 $E=\frac{\Phi}{A}$[①]。

由式（1.4–4）可知 $\Phi=I_\alpha\Omega$（其中 $\Omega=\frac{A}{r^2}$），将其代入式（1.4–3），则得

$$E=\frac{I_\alpha}{r^2} \quad (1.4\text{–}6)$$

上式表明，某表面的照度 E 与点光源在这方向的发光强度 I_α 成正比，与距光源的距离 r 的平方成反比。这就是计算点光源产生照度的基本公式，称为距离平方反比定律。以上所讲的是指光线垂直入射到被照

① 刘加平 . 建筑物理 [M]. 第四版 . 北京：中国建筑工业出版社，2009：176.

表面，即入射角 i 为零时的情况。当入射角不等于零时，如图 1-4-4 的表面 A_2，它与 A_1 成 i 角，A_1 的法线与光线重合，则 A_2 的法线与光源射线成 i 角，由于 $\Phi=A_1E_1=A_2E_2$，且 $A_1=A_2\cos i$ 故 $E_2=E_1\cos i$。

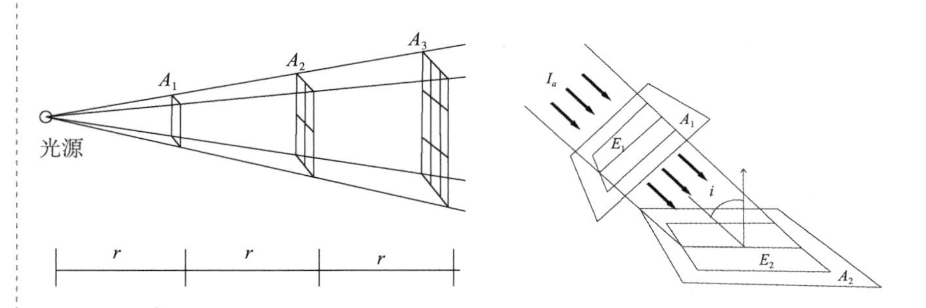

图 1-4-3　点光源发光强度与照度关系（左）
图 1-4-4　面光源发光强度与照度关系（右）

$$E_1=\frac{I_\alpha}{r^2}$$

$$E_2=\frac{I_\alpha}{r^2}\cos i \qquad (1.4\text{-}7)$$

公式（1.4-7）表示：表面法线与入射光线成角处的照度，与它至点光源的距离平方成反比，而与光源在 i 方向的发光强度和入射角 i 的余弦成正比。公式（1.4-7）也适用于点光源。一般当光源尺寸小于至被照面距离的 1/5 时，即将该光源视为点光源。

1.4.4　亮度（Luminance）

在日常生活中，我们会发现面对照度值不变的桌面，观察桌面的角度不同，桌面会呈现出不同的明亮程度。这是由于随着我们观察视角的变化，明亮的桌面在视网膜上呈现的面积在变化，同时该面积上的发光强度也在变化，因此我们感受到的明亮程度会有不同。可见，我们感受到物体的明亮程度与我们的观察角度密切相关（图 1-4-5），我们称这个明亮程度为亮度。亮度表示发光体在视线方向上单位投影面积上的发光强度，符号为 L，单位为 cd/m^2。计算公式如下：

$$L_\alpha=\frac{I_\alpha}{A\cos\alpha} \qquad (1.4\text{-}8)$$

式中：L_α——表示视线与发光表面法线夹角方向的亮度（cd/m^2）；

I_α——垂直于光线法线方向的截面的发光强度（cd）；

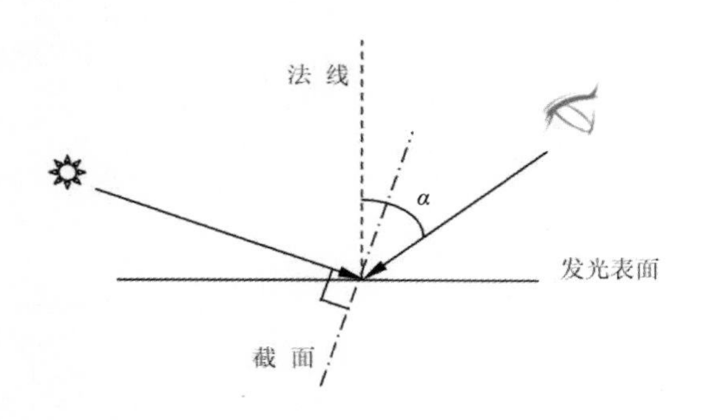

图 1-4-5　发光强度与亮度的关系

A——发光表面面积（m^2）；

α——视线法线与发光表面法线之间的夹角。

亮度还有其他单位，如熙提（sb）、阿熙提（asb）、朗伯（L）和英尺朗伯（Fl），关系如下：

$1sb=10^4cd/m^2$；

$1asb=\frac{1}{\pi}cd/m^2=0.3183cd/m^2$；

$1L=\frac{10^4}{\pi}cd/m^2=3.183\times10^3cd/m^2$；

$1fL=\frac{1}{\pi}cd/ft^2=3.426cd/m^2$；

常见的一些物体亮度值如下：

白炽灯灯丝 300~500sb；

荧光灯管表面 0.8~0.9sb；

无云蓝天 0.2~2.0sb；

太阳 200000sb。

1.5　色彩（Color）

1.5.1　光的颜色（Light Source Color）

发光体发出电磁辐射并以其波长（或频率）和强度为特征。当波长为 380~780 nm 时，可以被人类感知，称为“可见光”。

太阳、灯、火等光源通常发出许多不同波长的光。这些光源的光谱是一种可以表示为不同波长的光的强度分布曲线。由于分布曲线的不同，我们看到的光的颜色也有所不同。这些光的颜色其实有两种类型：一种是我们熟知的单一波长的光所呈现的颜色，称为单色光；另一种是由多个不同波长的光混合之后所呈现的可以被人眼感受到的颜色[①②]。

1671年，牛顿利用分光棱镜将太阳光分解成不同的颜色，并依据这些颜色定义了7个主要颜色波段：红色、橙色、黄色、绿色、蓝色、靛蓝和紫色。

结构色（虹色）[③]（Surface Color）是很多生物都有的颜色。这些颜色一部分是由于生物体内色素产生；另一部分则是由于生物体本身的结构形态不同，导致反射的光线的路径不同而产生不同的颜色。如蝴蝶翅膀、一些鸟类羽毛、甲虫的壳，还有一些海洋生物等，这些生物体都形成了远小于波长的结构层，结构层呈现出规则或不规则的排列，当阳光照射在这些结构层上就会发生散射、反射或衍射，由此产生颜色，如图1-5-1所示。蝴蝶翅膀上有不同形态的鳞片，这些鳞片就像一个个微小的三棱镜，当阳光照射时，不同鳞片结构与空气层排列的方式不同，或者光线入射角度的不同，观察视角的变化都会导致看到不同的颜色。很多海洋生物需要某些特定波长的光，因此，通过进化身体的结构对某些光进行筛选和过滤，这些结构的变化导致我们看到一些海洋生物具有不同的颜色。

图1-5-1 蝴蝶翅膀微结构

① Chasen R J. Method and System for Matching a Surface Color: U.S. Patent 6,628,829[P].2003-9-30.

② D 'Zmura，Michael. Color Constancy：Surface Color from Changing Illumination[J]. Journal of Optics Society of America A，1992，9（3）：490-493.

③ Wood R W . Surface Color[J]. Phys.rev，1902：14.

1.5.2　荧光物质颜色（Color of Fluorescent Surfaces）

荧光可以在很多物质中观察到。这些物质在经过光照后自身会发出光，如图 1–5–2 所示。

图 1–5–2　荧光物质

我们知道很多物质是由分子构成的，它们不同于孤立的原子，如水分子 H_2O，是由 3 个原子构成，每个原子之间有固定的位置，该状态称为基态。当给该分子输入能量时，原子之间的位置会发生变化，产生新的位置状态，该状态为激发态。由于原子核位置变化产生的电子态位置有多重情况，因此，产生该变化的激发能量并不是定值。同样，多个原子从激发态变回基态，其电子势能的变化也不是定值。

当荧光物质分子被输入能量，如光的照射，其物质内的电子获得更多的能量，导致原子之间的位置会发生变化①。而该能量并不像单个原子中电子激发能量那样严格，相对于单个原子的窄光谱，分子所需要的激发光谱更宽，我们称之为激发光谱。当没有能量的输入时，多个原子要从不稳定的激发态变回稳定的基态，此时要释放光能量，该能量的光谱波长分布也比较宽，称之为发射光谱。此时，荧光位置就会发光。原子位置变化过程中粒子之间的碰撞还会产生一部分热能，因此，发射光谱的能量永远小于激发光谱能量，两者之间的能量差可用斯托克斯位移②表示（图 1–5–3）。

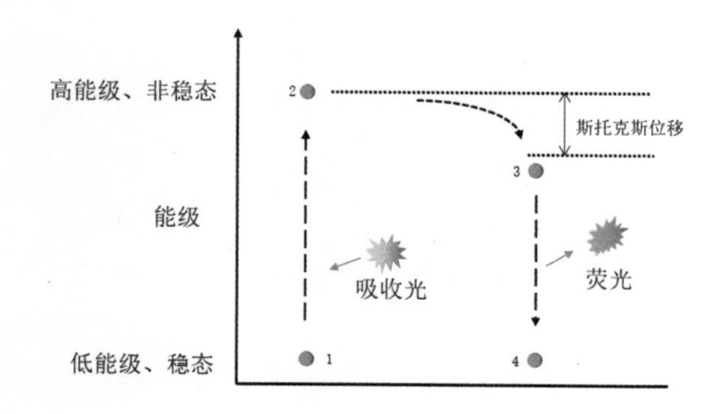

图 1–5–3　荧光物质发光原理

① Wain HC. The Story of Fluorescence[J]. Raytech Industries. 1965.
② 斯托克斯位移：荧光光谱与吸收光谱相比较，向能量低的一方偏移。

当输入能量来自于化学反应而不是入射的光子时，该过程称为“化学发光”，如荧光棒。输入的能量来自于生物体新陈代谢产生的能量时就会产生“生物发光”，如发光的萤火虫或发光水母。

1.5.3 颜色的混合（Color Rendering and CRI）

使用分光棱镜可以将太阳光分解成红、橙、黄、绿、蓝、靛、紫不同颜色的光。相反，也可以将这些不同颜色的光进行组合，并在人眼中形成白色的光感。红色与绿色的光同时进入眼睛感受的是黄色，绿色与深蓝色光组合感觉是浅蓝色，红色与深蓝色光进入眼睛会形成品红色的视觉刺激。再进一步将黄色、浅蓝色、品红色光组合在一起又可以形成白色。由此可见，光色的混合是一个越混颜色越浅的过程，如图 1–5–4 所示。

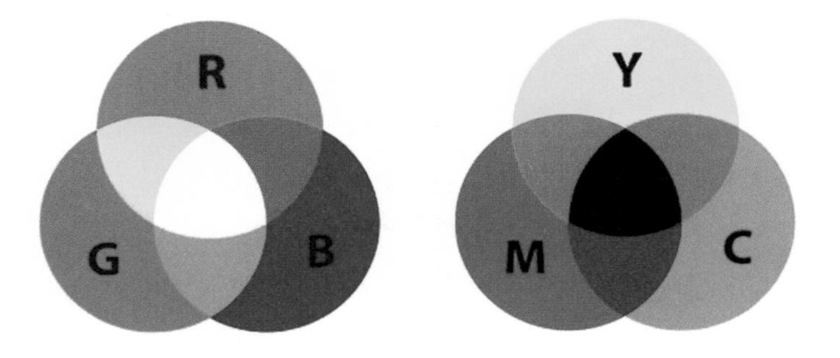

图 1–5–4　颜色的叠加（左图为光色混合，右图为物体色混合）

物体色与光色不同。物体在太阳光下呈现出什么颜色，主要原因是物体反射了这一颜色，而吸收了太阳光中除了这一颜色的其他颜色。如看起来是呈现红色的物体，说明该物体吸收了绿色、蓝色等除了红色波段的其他波段的光，而只反射红色波段的光。白色的物体说明该物体可以反射不同波段的光，这些光混合在一起呈现出白色。黑色的物体说明该物体对不同多段的光都可以吸收，因为没有或者只有很少的反射光进入人眼，所以该物体呈现出黑色。

依据物体产生颜色的原理我们可以推测，一个原本是红色的物体放进一个只有绿色（单色光）光线的房间内，这个原本红色的物体应该呈现出黑色，而不是绿色，也不是红色。因为红色的物体能够反射红色波段的光，而吸收除了红色以外的其他波段的光，当然也包括绿色。绿光被吸收，又没有红光反射进人的眼睛，所以该物体应该呈现出黑色。

试想一下，红色的颜料加上绿色的颜料再加上蓝色的颜料后呈现出来的应该是什么颜色。答案应该是接近黑色，因为每一个颜色的颜料都吸收了除其本色以外的其他波段的光，多种颜色混合后也就没有多余的光线反射出来，因此，应该呈现出较深的颜色或黑色。

这就是物体色的混合，可见物体色的混合是越混合颜色越深。

1.5.4　1931标准色度系统（CIE 1931 Color System）

牛顿利用三棱镜将“白色”的太阳光分解成了不同颜色的光谱，而这些光谱中具有明显的红色、绿色和蓝色，并且可以看到，红色与绿色之间呈现黄色，绿色与蓝色之间呈现明显的蓝绿色，如图1–5–5所示。红、绿、蓝三种颜色与我们人眼的三类锥细胞色彩敏感度一致。其中的一种或两种颜色敏感程度的变化都可以导致我们认知的变化，从而形成另外一个颜色。

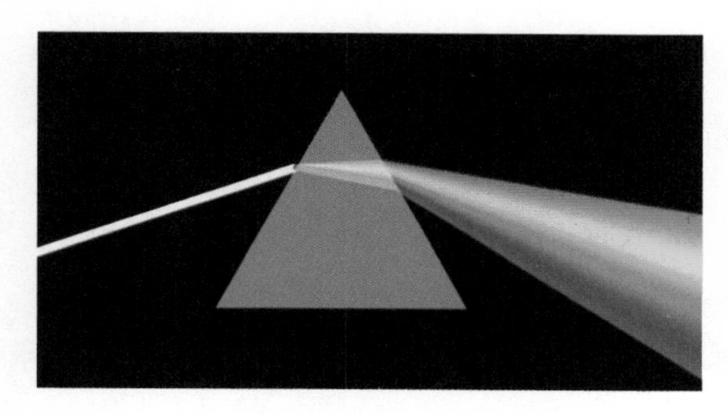

图1–5–5　三棱镜分光实验

根据这种现象，有学者进行了颜色匹配实验（图1–5–6）。即找到一个目标色（单一波长的光），可以通过调整不同颜色（基准色）的比例形成一个与目标色感受完全一致的颜色（匹配色）。这种目标色与匹配色感觉完全一致的现象也是同色异谱现象。这两种感知上相同，但是能量完全不同的光称为同色异谱光。同样，通过这个实验还可以分别调整不同（基准色）光的比例，使匹配色呈现出不同的颜色。当假定三种不同颜色的光，红、绿、蓝（基准色）的原值为X、Y、Z。那么，匹配色的值则由不同基准色在基准色总量中的比例决定，即三个基准色的比例就可以表示为$x=\frac{X}{X+Y+Z}$、$y=\frac{Y}{X+Y+Z}$、$z=\frac{Z}{X+Y+Z}$。而匹配色则可以使用基准色比例特征表达。不同的基准色比例组合下则可以呈现出不同的匹配颜色。将这些匹配色按照基准色比例所对应的空间位置及其呈

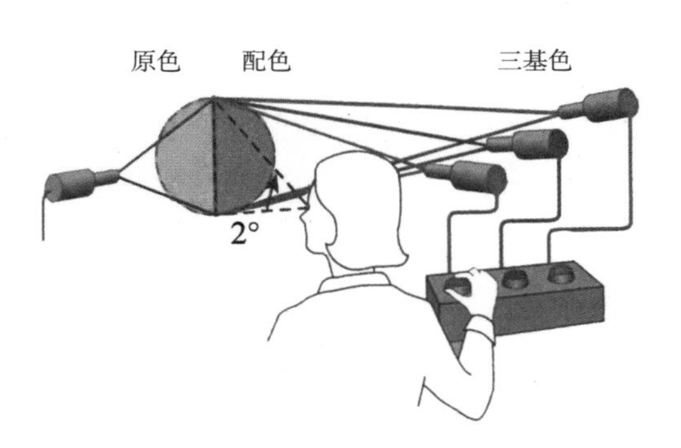

图 1–5–6 配色实验

现出的颜色效果进行排列就形成了色度空间（Chromaticity Space），如图 1–5–7 所示。可见，这个类球体的空间中的每一个点代表一个颜色，且这个颜色可以使用空间坐标 x、y、z 的值来表示。这个类球体汇集了人类可以识别的全部色彩，这些色彩有些看起来一样，有些存在一定的差异，但它们都是真实存在的。将这个类球体从中间切开，将其切面绘制在 x–y 坐标平面上，就形成了 1931x–y 坐标系色度系统图，如图 1–5–8 所示。在这张图中，我们可以看到红色、黄色、绿色、蓝色等不同的颜色区域，每一个颜色都对应各自的空间坐标。

在图 1–5–8 中，有一条黑色的曲线称为黑体辐射曲线。黑体辐射曲线上标有 1500~10000K 的数字，表示的是黑体温度达到该数值时，该点对应的颜色就是黑体在该温度下呈现的颜色。

1931 标准色度系统虽然能够呈现出所有的颜色，但是从 1931x–y 坐标系统图中我们可以发现，很多颜色虽然颜色坐标不同，但是我们并不能看出两者的差异。还有，在紫色区域很小的变化我们就能够察觉出来，

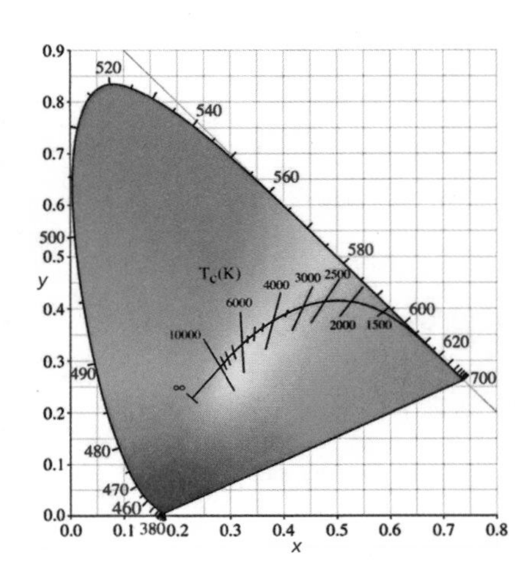

图 1–5–7 CIE1931 标准色度系统立体图（左）
（来源：南北潮）
图 1–5–8 CIE1931 标准色度系统平面图（右）
（来源：Encyclopedia the free dictionary）

而在绿色区域，即使是距离较远的两个颜色，我们也很难察觉出差异。因此，有学者将1931标准色度系统进行了空间变形，使该空间内距离相等的两个颜色的差异感觉一样，即可以使用空间距离来衡量两个颜色差异的大小，称为色差。由此形成了1976UCS等距色度系统图，并得到其平面图，如图1–5–9所示。因为，1976UCS等距色度系统图是由1931标准色度系统图转换而来，为了区分两者的坐标，将1931的x、y、z坐标转变为坐标L、u'、v'。u'、v'对应的是x、y。两者的转换公式为：

$$u'=\frac{4x}{-2x+12y+3} \quad (1.5\text{–}1)$$

$$v'=\frac{9x}{-2x+12y+3} \quad (1.5\text{–}2)$$

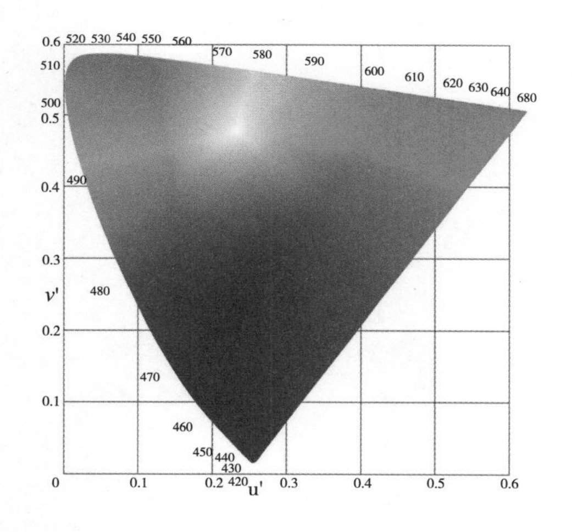

图1–5–9　1976UCS等距色度系统平面图

1.5.5　蒙赛尔色度系统（Munsell Chromaticity System）

1905年画家蒙塞尔将人眼能够识别出差异的所有颜色，按照一定的规律进行排列，形成了一个形状不规则的颜色系统[①]，如图1–5–10所示。

孟塞尔颜色系统[②]是一个颜色空间。

这个颜色空间围绕一个垂直的中轴展开，中轴被划分为视觉上等距离的11段，按照明度从低到高的顺序，最底端为黑色，用0代表，

① Apple Painter.

② Munsell A H. A Color Notation: A Measured Color System, Based on the Three Quarities Hue, Value and Chroma: with Illustrative Models, Chares, and A Course of Study Arranged for Teacher[J]. 1905.

明度 V 为 0；最顶端为理想的白色，用 10 代表，明度 V 为 10。中轴上的颜色都是无彩色。无彩色用 NV 表示。N 表示中性色，V 为明度值（图 1–5–11）。

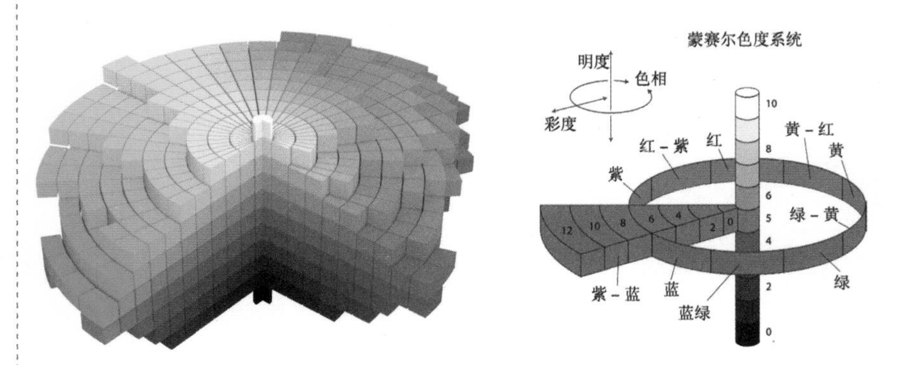

图 1–5–10 蒙赛尔色立体（左）
图 1–5–11 蒙赛尔色环（右）

中轴的周围是不同的颜色色块，为有彩色。色空间水平面内包括红色（R）、黄色（Y）、蓝色（B）、绿色（G）、紫色（P）共 5 个主色调；黄红（YR）、黄绿（RG）、蓝绿（BG）、紫蓝（PB）、红紫（RP）共 5 个中间色调。每个色调又进一步划分为 10 个等级。不同色调的颜色按照水平圆周的度数进行区分，如图 1–5–12 所示。

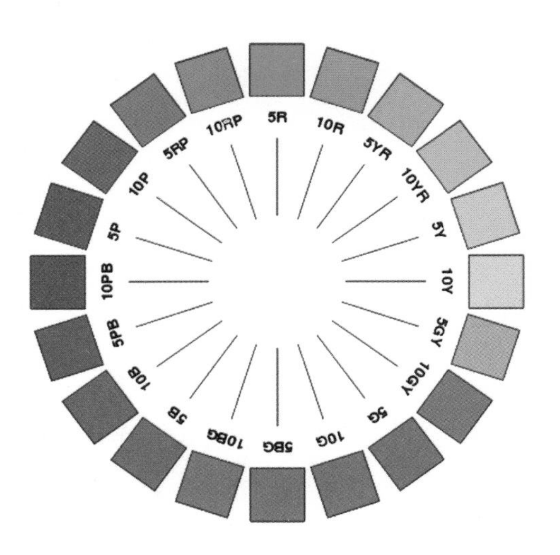

图 1–5–12 蒙赛尔色环色块

色块离开中轴的水平距离表示颜色的彩度变化幅度。中轴上彩度为 0，是无彩色，距离中轴越远彩度越大。各种彩色的最大彩度是不一样的，有的颜色的彩度可以达到 20。

由此可见，人眼可以识别的任何一个物体色都可以用蒙赛尔系统进行标定，使用色相、明度、彩度进行描述。

如蒙赛尔系统标号为10Y8/6的颜色，表示色调为5Y黄色与5GY黄绿色之间的颜色，明度为8，彩度为6，该颜色在蒙赛尔色度系统中为靠近中轴偏上的部位。

1.5.6　自然颜色系统（Natural Color System，NCS）

NCS色度系统[①]是用人眼辨别的方式组织和排列的色彩体系（图1–5–13）。该颜色系统中使用6种颜色作为原色，即白（W）、黑（S）、黄（Y）、红（R）、蓝（B）、绿（G）。白黑为无彩色，其他4种为彩色。6种颜色之间看起来完全不同，而其他颜色都是与这6种原色有不同相似程度的颜色[①]。

图1–5–13　NCS色度系统原色
（图片来源：Encyclopedia the free dictionary）

NCS系统用一个三维的模型来表示根据各种颜色与黄、红、蓝、绿、白、黑6种原色的相似程度，以及各种颜色之间的关系（图1–5–14）。颜色立体的顶端是白色，底端是黑色。立体的中间部位由黄、红、蓝、

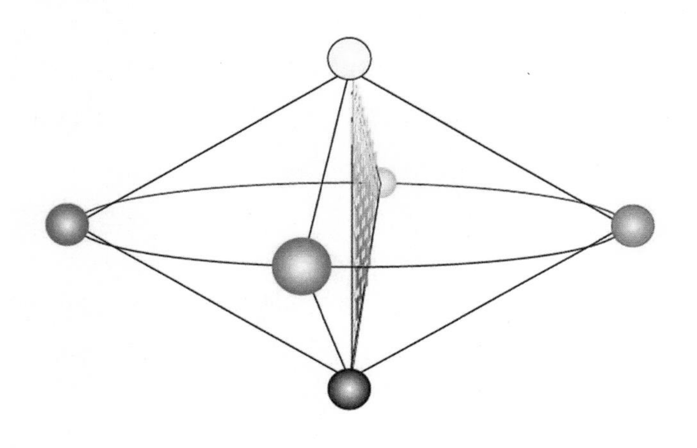

图1–5–14　NCS系统三维模型

① Encyclopedia the free dictionary.

绿 4 种原色形成一个圆环。在这个立体系统里，每一种颜色都占一个特定的位置，并且和其他颜色有准确的关系。

在 NCS 系统中，任意一个颜色都会与黄、红、蓝、绿 4 个彩色原色有一定关系，也会与白色和黑色有一定的相似。如果该颜色介于黄色和红色之间，且 70% 接近红色，30% 接近黄色，则该颜色的色调可以表示为 Y70R。

NCS 系统中定义任意颜色时包括三个标尺：黑度、彩度和白度。三者相加为 100%。因此，如果色调为 Y70R 的颜色，黑度占 20%，彩度占 40%，则它的白度为 30%。此时，这个颜色可以表示为 S 2040-Y70R。S 表示为标准色样。NCS 系统色卡如图 1-5-15 所示[①]。

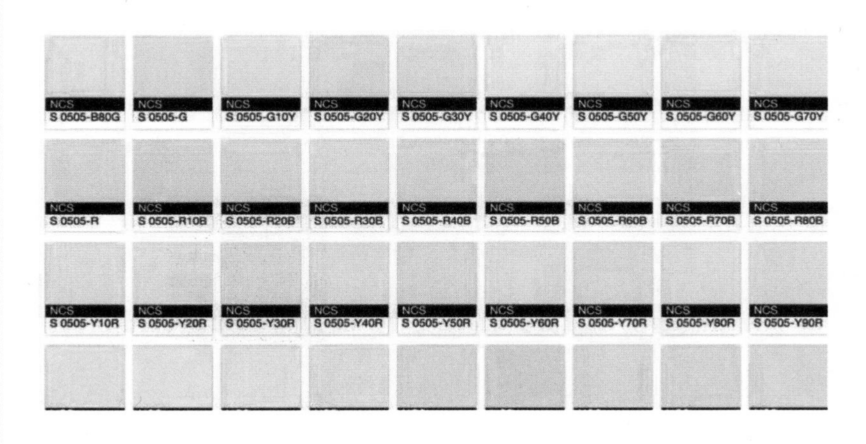

图 1-5-15　NCS 系统色卡示例

1.5.7　CMYK 色彩模式（CMYK Color Model）

CMYK 色彩模式[②]其实是一种用来印刷的色彩定义方法。在印刷领域中使用 4 种标准颜色混合成任意颜色。这四种标准颜色分别为：C：青色或天蓝色（Cyan）、M：品红或洋红色（Magenta）、Y：黄色（Yellow）、K：黑色（Black）。4 种颜色混合的方法如图 1-5-16 所示。

印刷品呈现的颜色是由不同比例的 C、M、Y、K 4 种标准色分层混合印刷后呈现的结果。

不同比例的天蓝色、品红、黄色和黑色色块，按照不同的排列方式组合可以分别呈现出碧蓝色、松柏绿和桃红色。因此，使用 CMYK 系

① NCS-1950-index-colour-chart.
② Encyclopedia the free dictionary.

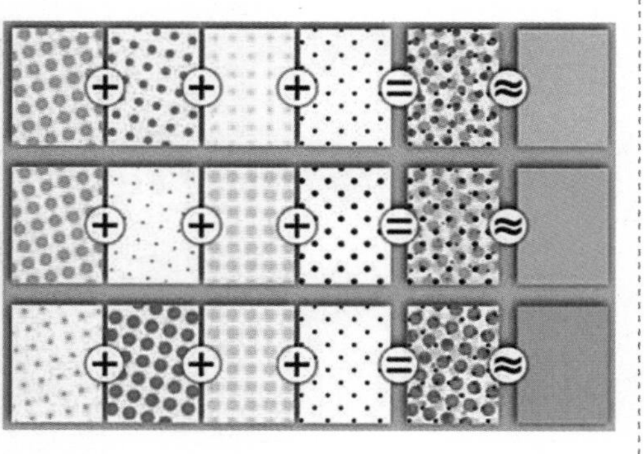

图 1-5-16　CMYK 色彩混合模式
（来源：Encyclopedia the free dictionary）

统定义某一个印刷色时，是在每个标准和后面加一个数字。如棕红色 = C25 M85 Y100 K0、漆黑色 =C90 M85 Y60 K45。

1.6　天然光（Natural Light）

1.6.1　太阳辐射（Solar Radiation）

太阳辐射通常指的是太阳的电磁波辐射[①]。地球接收的太阳辐射能量仅为太阳向宇宙辐射的总能量的二十亿分之一，全球平均每年可从太阳获得 5.4×10^{24}J（或 1.53×10^{18}kW · h）的热量，这个能量相当于全球所有能源总产量的 2.7 万倍，是地球能量的主要来源[②]。

到达地球大气层上界的太阳辐射量称为天文太阳辐射量，这个量受时间等因素影响在一定范围内不断变化。这个范围的基准值可以用太阳常数表示。太阳常数是指按照日地平均距离计算，地球大气的最外层太阳光线垂直平面上所接收到的太阳辐射通量密度，以 S 表示，S=（1367 ± 7）W/m^2。这个值经过地球大气的反射、散射和吸收作用后，到达地面的太阳辐射量会大大减弱。这个辐射量包括两个部分：一部分是太阳投向地球垂直于太阳光线平面上的太阳直射辐射；另一部分是经过大气散射的太阳漫射辐射，两者的综合为太阳总辐射，如图 1-6-1 所示。同时，受地区的纬度、海拔、太阳高度角、天气、气候的条件的影响，

① Biermann L . Solar corpuscular radiation and the interplanetary gas[J]. Observatory Didcot，1957，77：109-110.

② Angstrom A . Solar and Terrestrial Radiation.Report to the International Commission for Solar Research on Actinometric Investigations of Solar and Atmospheric Radiation[J]. Quarterly Journal of the Royal Meteorological Society，1924，50（210）：121-126.

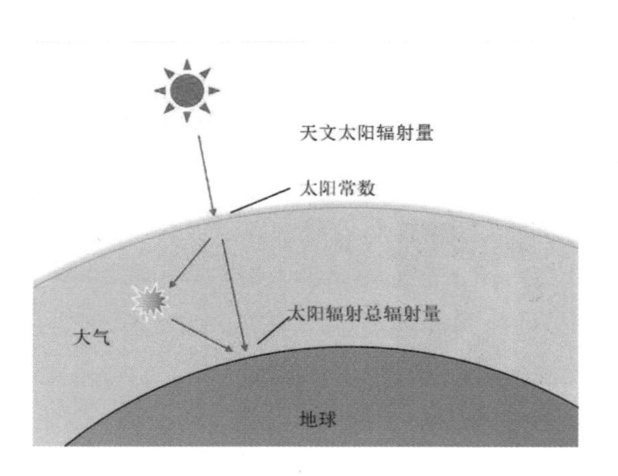

图 1–6–1 太阳辐射量示意图

不同地区获得的太阳辐射能量差异较大[①]。

通常我们使用太阳辐射光谱来认识太阳辐射。太阳辐射光谱又称太阳光谱，是指太阳辐射能量随波长的分布状态，如图 1–6–2 所示。

太阳辐射能量在 X 射线到无线电波的整个电磁波谱区域内连续分布，这个谱线与相应温度下的黑体辐射谱线非常接近，但并不一致。只有在紫外波段、可见光波段、红外波段与相应温度下的黑体辐射谱极其吻合。太阳辐射受到大气复杂的反射和散射和吸收作用后，这个连续的谱线上存在很多吸收暗线，称为费线。其中，影响暗线的主要物质为大气中的氧气（O_2）、臭氧（O_3）、水（H_2O）和二氧化碳（CO_2）。

从太阳辐射光谱中可以看到 99.9% 的太阳辐射能量集中在 200~1000nm 的波段内。其中，最大辐射能在 480nm 处。紫外线、可见光、

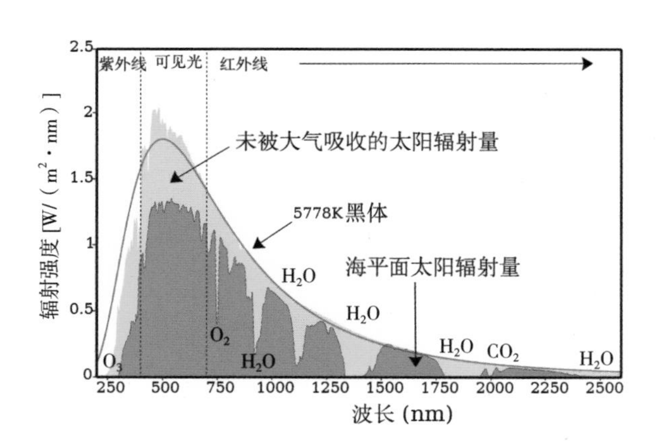

图 1–6–2 太阳辐射光谱

① Liu B Y H，Jordan R C . The Interrelationship and Catechistic Distribution of Direct，Diffuse and Total Solar Radiation[J]. Solar Energy，1960，4（3）：1–19.

红外线波段的能量分别占到总能量的约9%、44%和47%。这部分能量直接影响了地球大气的运动、地表的温度和植物的生长，并直接或间接地对人类和生态产生重要影响。

1.6.2　太阳辐射计算（Solar Radiation Calculation）

在地球大气上界，北半球夏至时，日辐射总量最大。冬至时，北半球日辐射总量最小，极圈内为零。南半球情况相反。春分和秋分时，日辐射总量的分布与纬度的余弦成正比。南、北回归线之间的地区，纬度越高，日辐射总量变化越大。

地球上界的天文太阳辐射量随地球纬度和时间而变化。任一纬度和任一时刻的天文太阳辐射强度可用下式表示[①②]：

$$I=\frac{I_0}{\rho^2}(\sin\varphi\cdot\sin\delta+\cos\varphi\cos\delta\cos\omega) \tag{1.6-1}$$

式中：I——任意时刻地球大气上界的太阳辐射强度；

I_0——太阳常数；

ρ——某时刻日地距离与平均日地距离的比值；

φ——地理纬度；

δ——太阳赤纬；

ω——太阳时角。

地球上某一纬度某日天文太阳辐射总量可以用下式进行计算：

$$I_q=\frac{T\cdot I_0}{\pi\rho^2}(\omega_0\sin\varphi\cdot\sin\delta+\cos\varphi\cos\delta\cos\omega_0) \tag{1.6-2}$$

式中：I_q——某纬度某日的天文太阳辐射总量；

T——一昼夜时间；

I_0——太阳常数；

ρ——某时刻日地距离与平均日地距离的比值；

φ——地理纬度；

δ——太阳赤纬；

ω_0——日落的太阳时角。

---

① Kharseh M . Solar Radiation Calculation，2018.

② Page，R J K . Solar and Terrestrial Radiation：Methods and Measurements[J]. Physics Bulletin，1976，27（4）：171-171.

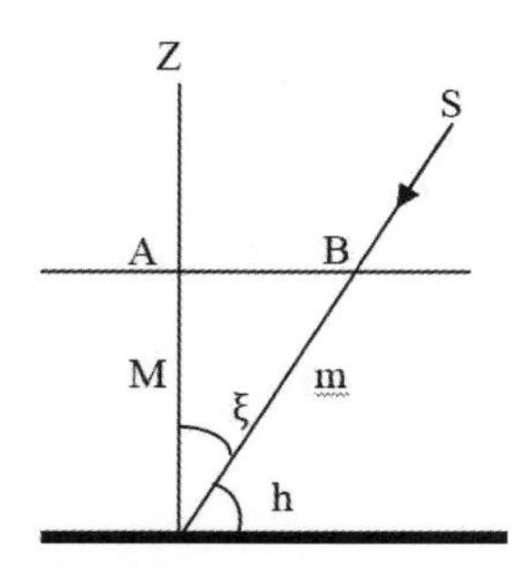

图 1–6–3 到达地面的太阳辐射能计算原理

到达地表的全球年辐射总量的分布基本上成带状，只有在低纬度地区差异较大。在赤道地区，由于多云，年辐射总量并不是最高。在南北半球的副热带高压带，特别是在大陆荒漠地区，年辐射总量较大，最大值在非洲东北部。

我国各地区的水平面总的太阳辐射量差异较大。西藏、青海、内蒙古等地的太阳辐射总量较多，四川成都等地太阳辐射量最少。

太阳辐射能通过大气层时遇到空气中的各种分子、颗粒，发生反射、散射和吸收。约有 30% 的太阳辐射能被反射入太空、19% 的太阳辐射被大气中的水蒸气、二氧化碳等物质吸收，51% 的太阳辐射能够到达地面。在被反射到太空中的太阳能中有 6% 被大气反射、20% 被云层反射、4% 被地面反射 ①。依据上述数据，到达地面的太阳辐射能是能够被计算的 ②。图 1–6–3 计算过程如下：

已知，大气层外太阳辐射强度为太阳常数，太阳常数值 S 是（1.96 ± 0.01）K/（cm^2 · 分）或（1367 ± 7）W/m^2。假设太阳辐射强度为 J，通过大气 dx 距离时，dJ 的能量被 dm 空气吸收，空气密度为 ρ。此时，dJ 与 dm 成正比，d$m\rho$dx。

微元单位的大气吸收和扩散的太阳辐射能为定值 K，因此：

$\mathrm{d}J=-K$，$J\rho\mathrm{d}x=-K\mathrm{d}m$

对上式进行积分得：

$$\int\frac{\mathrm{d}J}{J}=-K\int\mathrm{d}m \qquad (1.6\text{–}3)$$

积分范围为 $m=0$ 到 $m=m$，当 $m=0$ 时，J 为太阳常数，以 J_0 表示。对上式进行定积分得：

$$J=J_0e^{-Km} \qquad (1.6\text{–}4)$$

如图假设地面为平面，大气层为均质，且太阳进入大气层后发生的折射不考虑。如果太阳的天顶距离为 ξ，太阳照射穿过的空气质量为 M，则有：

$$m=M\sec\xi \qquad (1.6\text{–}5)$$

① Liu B，Jordan R C . The Interrelationship and Characteristic Distribution of Direct，Diffuse and Total Solar Radiation[J]. Solar Energy，1960，4（3）：1–19.

② Paulescu M，Paulescu E，Gravila P，et al. Modeling Solar Radiation at the Earth Surface[M]// Weather Modeling and Forecasting of PV Systems Operation. Springer London，2013：127–179.

则：
$$J=J_0e^{-Km}=J_0e^{-\mathrm{KMsec}\xi} \quad (1.6\text{–}6)$$

当太阳在天顶时，ξ=0，此时设定太阳在天顶的辐射量为 J'，空气质量为 M，则：

$$J'=J_0e^{-KM} \quad (1.6\text{–}7)$$

$$J=J_0\left(\frac{J'}{J_0}\right)^{\frac{m}{M}} \quad (1.6\text{–}8)$$

式中 m 与 M 之比为太阳高度角为 h 时大气层的质量与太阳高度角为天顶时的大气层的质量之比。假设大气层是均质的，则 m/M 就可以看作距离之比。同时$\frac{J'}{J_0}$为太阳在天顶时的辐射量与太阳常数之比。该值也是大气的透过率。如果设定$\frac{m}{M}=Z$，$\frac{J'}{J_0}=P$，

则：

$$J=J_0P^{z} \quad (1.6\text{–}9)$$

由（1.6–5）可知：

$$Z=\sec\xi=\frac{m}{M}=\frac{m}{m\cos\left(\frac{\pi}{2}-h\right)}=\frac{1}{\sin h} \quad (1.6\text{–}10)$$

所以：

$$J=J_0P^{z}J=J_0P^{\frac{1}{\sin h}} \quad (1.6\text{–}11)$$

可见，达到地面的太阳辐射量与太阳常数、大气透明度、太阳高度角密切相关。

如果日出时刻为 $t1$，日落时刻为 $t2$，则全天的太阳辐射总量为：

$$Q=\int_{t2}^{t1}J\mathrm{d}t \quad (1.6\text{–}12)$$

以时角表示：

$$Q=\frac{12\times 60}{\pi}\int_{t2}^{t1}J\mathrm{d}t \quad (1.6\text{–}13)$$

太阳光线垂直面上的直射光、天空散射光、水平面上的直射光的比例关系见表 1–6–1。

由此可知，不考虑大气吸收后水平面上的太阳辐射量为：

$$J_{\mathrm{H}}=J_0\sin h \quad (1.6\text{–}14)$$

不同高度角太阳光直射光、散射光比例（空气密度 ρ=0.75） 表 1-6-1

太阳高度角 h		10°	20°	30°	40°	50°	60°	70°
天空	直射光	0.19	0.43	0.56	0.64	0.69	0.72	0.74
	散射光	0.07	0.11	0.14	0.16	0.17	0.18	0.18
水平面	直射	0.03	0.15	0.28	0.41	0.52	0.62	0.69
	散射光	0.07	0.11	0.14	0.16	0.17	0.18	0.18

考虑大气吸收后水平面上的太阳辐射量为：

$$J_H=J_0P^{\frac{1}{\sin h}}\sin h \quad (1.6\text{–}15)$$

式中 h 与对应的纬度 φ，太阳赤纬角 δ，时角 t 有关：

$$\sin h=\sin\varphi\sin\delta+\cos\varphi\cos\delta\cos t \quad (1.6\text{–}16)$$

太阳辐射强度是重要的气象要素。不仅对室外环境有影响，也是室内自然温度变化的主要因素之一。其辐射的效果受日照强度、被照射面的方向、日射的时刻与时间长短、被照面的热特性、周围流体的温度及其流动状态等因素影响[①]。

通常，太阳辐射强度指垂直于太阳光线方向上单位面积、单位时间内所接受的热量。因此，与光线不成垂直的水平面上，其太阳辐射强度与太阳高度有关；而垂直面上的太阳辐射强度则与太阳高度角、太阳方位角都有关。

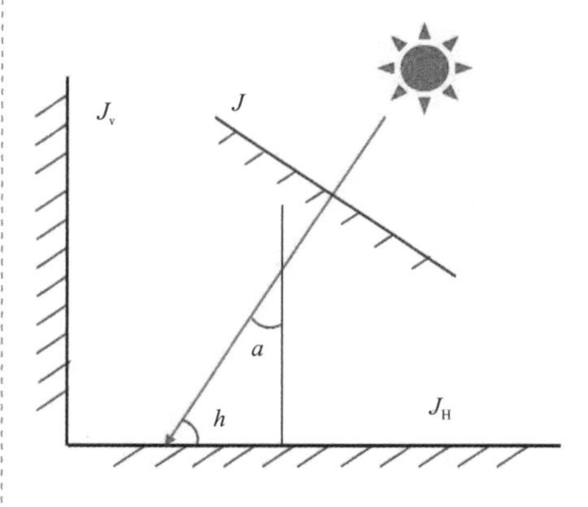

图 1-6-4 不同平面上太阳辐射量计算示意图

假设与太阳光垂直平面上的太阳辐射强度为 J，太阳高度角为 h，垂直面与光线的方向所成的角为 a，水平面太阳辐射强度为 J_H，垂直面辐射强度为 J_v，如图 1-6-4 所示，则有：

$$J_H=J\sin h \quad (1.6\text{–}17)$$

$$J_v=J\cos h\sin a \quad (1.6\text{–}18)$$

① Hay J E . Calculation of Monthly Mean Solar Radiation for Horizontal and Inclined Surfaces[J]. Solar Energy，1979，23（4）：301-307.

1.6.3 天空亮度模型（Sky Brightness Model）

人们所感知到的太阳辐射除了有能量（热量）之外，还有明亮的光。太阳照亮天空，影响地球上的一切生命。为了更清晰地认识这个随太阳变化而不断变化的发亮的天空，需要对其进行定量的分析。

国际照明委员会认为，标准天空有三种类型：晴天空、阴天空和中间天空。晴天空是指天空被划分为10份，其中被云遮住的份数为0~3份时的天空。此时，天空中主要由太阳直射光和天空散射光组成，所形成的照度大，且方向明显。阴天空是指天空云量为8~10份时的天空，此时天空主要是散射光，地面照度均匀。中间天空则介于两者之间。

（1）CIE标准全晴天空亮度分布数学模型按下式计算①②③：

$$L_{\xi\gamma}=\frac{f(\gamma)\ \varphi(\xi)}{f(Z_0)\ \varphi(0°)}L_Z \qquad (1.6\text{–}19)$$

式中：$L_{\xi\gamma}$——天空某处亮度，cd/m^2；

L_Z——天定亮度，cd/m^2；

$f(\gamma)$ 为天空 $L_{\xi\gamma}$ 处到太阳的角距离④（γ）的函数，按下式进行计算：

$$f(\gamma)=0.91+10\exp(-3\gamma)+0.45\cos 2\gamma \qquad (1.6\text{–}20)$$

$\varphi(\xi)$ 为天空 $L_{\xi\gamma}$ 处到太阳的角距离（ξ）的函数，按下式进行计算：

$$\varphi(\xi)=1-\exp(-0.32\sec\xi) \qquad (1.6\text{–}21)$$

$f(Z_0)$ 为天顶到太阳角距离（Z_0）的函数，按下式进行计算：

$$f(Z_0)=0.91+10\exp(-3Z_0)+0.45\cos^2 Z_0 \qquad (1.6\text{–}22)$$

$\varphi(0°)$ 为天空点 $L_{\xi\gamma}$ 处对天顶的角距离为0°的函数，按下式进行计算：

$$\varphi(0°)=1-\exp(-0.32)=0.27385 \qquad (1.6\text{–}23)$$

太阳的角距离（γ），按下式进行计算：

$$\cos\gamma=\cos Z_0\cos\xi+\sin Z_0\sin\xi\cos a \qquad (1.6\text{–}24)$$

---

① Spatial Distribution of Daylight – Luminance Distributions of Various Reference Skies[S]. CIE No. 110，1994.

② CIE Standardization of Luminance Distribution on Clear Skies[J]. Pub.CIE，22（TC–4.2），1973.

③ Igawa N，Nakamura H . All Sky Model as a Standard Sky for the Simulation of Daylit Environment[J]. Building and Environment，2001，36（6）：763–770.

④ 用一天体的投影和另一点之间的大圆弧段表示的二者之间的位置关系，说明太阳与任意点在天球上的投影的位置。

（2）CIE 标准全阴天的天空亮度是相对稳定的，基本不受太阳位置影响，近似计算方法如下：

$$L_{\theta}=\frac{1+2\sin\theta}{2}L_{Z} \quad (1.6\text{–}25)$$

式中：L_{θ}——θ 方向的天空亮度（cd/m^2）；

L_Z——天顶亮度（cd/m^2）；

θ——计算天空亮度处的高度角。

全阴天情况下地面照度 $E_{地}$（lx）等于高度角为 42° 处的天空亮度 L_{42}（asb），即：$E_{地}=L_{42}$。

由此，还可以导出天顶亮度 L_Z（cd/m^2）与地面照度 $E_{地}$（lx）的关系：

$$E_{地}=\frac{7}{9}\pi L_{Z} \quad (1.6\text{–}26)$$

1.6.4 太阳的位置（The Position of the Sun）

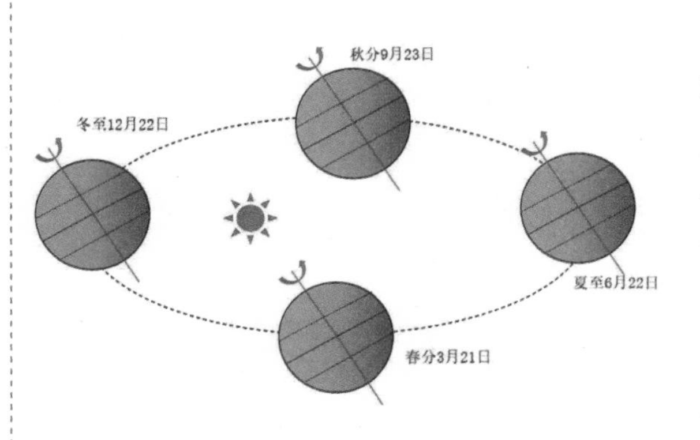

图 1–6–5 地球公转轨道

在太阳系中，地球按照一定的轨道绕太阳公转（图 1–6–5），公转的轨道平面称为黄道面。公转一周的时间为 1 年。地轴与黄道面的交角约为 66°33′。地球公转过程中太阳光线与地球赤道面所夹的圆心角称为赤纬角。赤纬角从赤道面算起，向北为正，向南为负。春分时阳光直射赤道，赤纬角为 0°。夏至时，阳光直射北纬 23°27′，这时赤纬角为 +23°27′。因此，赤纬角与时间、季节相对应①，如表 1–6–2 所示。

站在地球表面观察太阳在天空中的位置，该位置在不停地变化。这个变化规律与地理位置和时间密切相关。

在确定太阳在天空中的位置时，我们需要知道当地的地理位置，常用纬度来表示。纬度是指地面铅垂线与赤道面的夹角。由此可知，赤道的纬度为 0°，南北极各为 90°。

① 中国大百科全书数据库.

不同季节下的阳光赤纬角　表 1-6-2

季节	日期	赤纬角	日期	季节
夏至	6月21日或22日	+23°27′		
小满	5月21日左右	+20°00′	5月21日左右	大暑
立夏	5月6日左右	+15°00′	5月21日左右	立秋
谷雨	4月21日左右	+11°00′	5月21日左右	处暑
春分	3月21日或22日	0°	5月21日左右	秋分
雨水	2月21日左右	−11°00′	5月21日左右	霜降
立春	2月4日左右	−15°00′	5月21日左右	立冬
大寒	1月21日左右	−20°00′	5月21日左右	小雪
		−23°27′	12月22日或23日	冬至

太阳运动过程中的定位参数有三个量：时角、太阳高度角、太阳方位角。其中时角表示地球一天中自传了多长时间，已经转到什么位置；太阳高度角是太阳光线与地平面间的夹角，太阳方位角是太阳光线在地平面上的投射线与地平面正南线所夹的角。两者既可以表示时间，也与当地的地理位置相关，如图 1-6-6 所示。

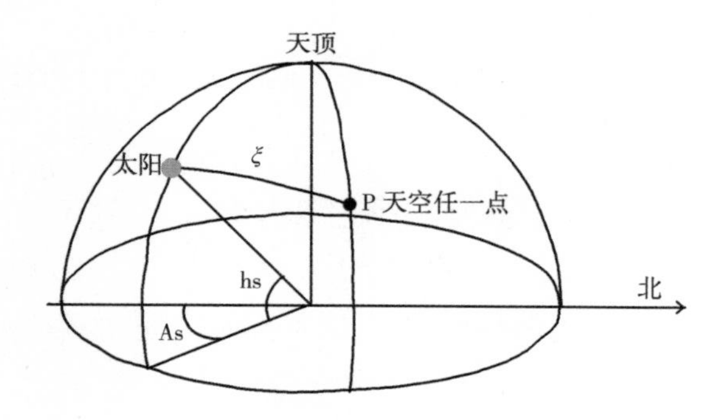

图 1-6-6　天空中太阳的位置

上述有关太阳位置的相关概念整理见表 1-6-3。

太阳位置相关概念统计表　表 1-6-3

序号	名称	符号	定义	备注
1	黄道面		地球公转的轨道平面	地轴与黄道面的交角约为 66°33′
2	赤纬角	δ	太阳光线与地球赤道面所夹的圆心角	从赤道面算起，向北为正，向南为负。该值可以用来表征不同季节。春分时赤纬角为 0，阳光直射赤道。夏至时，阳光直射北纬 23°27′，这时赤纬角为 +23°27′

续表

序号	名称	符号	定义	备注
3	纬度	φ	地面任意一点的铅垂线与赤道面的夹角，用 φ 表示	φ 称为该地的地理纬度。赤道纬度为 0，南北极各为 90°
4	时角	Ω	一个天体的时角定义为天子午圈与天体的赤经圈在北极所成的球面角	地球自转一周 360°，用时 24h。不同时间对应不同的时角，每小时的时角为 15°，以 $\Omega=15t$ 表示，式中 t 表示小时（12 小时制）。中午 $\Omega=0$
5	太阳高度角	h_s	太阳光线与地平面间的夹角	$\sin h_s=\sin\varphi \cdot \sin\delta+\cos\varphi \cdot \cos\delta \cdot \cos\Omega$
6	太阳方位角	A_s	太阳光线在地平面上的投射线与地平面正南线所夹的角	$\cos A_s=\dfrac{\sin h_s \cdot \sin\varphi-\sin\delta}{\cos h_s \cdot \cos\varphi}$

注：1 式中，h_s 为太阳高度角（°）；φ 为地理纬度（°）；δ 为赤纬角（°）；Ω 为时角
2 地方平均太阳时与标准时间的换算关系 T_0+T_m+4（L_0-L_m），其中：T_0 为标准时间（如北京时间）；T_m 为地方平均太阳时（时：分）；L_0 标准时间子午圈所处的经度；L_m 地方时间子午圈所处的经度。

1.7 电光源（Light Source）

1.7.1 电光源发光原理（Light Emitting Principle of Electric Light Source）

天然光受时间和地点的限制并不能随时使用。为补充光照，人类从一开始利用篝火照亮空间，到使用油灯、烛、煤气灯，现代社会随着电的发明，人类开始使用电光源照亮建筑内部空间，电光源成为建筑空间内部、外部，甚至是城市空间的重要组成部分。

通常我们把电光源称为灯。通电之后它可以发出可见光，用于照亮不同的空间。现代电光源根据发光机理的不同，可以分为三类：热辐射光源、气体放电光源、固体发光光源。

1）热辐射光源

任何物体当温度高于绝对零度时，都可以向外发射辐射能量。物质受热后原子运动加剧，温度也越高，原子运动就越大。而这种热过程还会激发电子在不同层级中跃迁，因此会产生许多波长的光辐射，并形成连续的光谱。当金属加热到 500℃时就可以发出暗红色的可见光。这种将灯丝通电加热至白炽状态的光源称为热辐射光源，如图 1-7-1 所示。1879 年，

爱迪生利用这一原理制造了第一个碳化纤维灯丝加热发光的灯。经过不断改进，现在这种光源已经很多，常见的白炽灯、卤钨灯等都属于热辐射光源。

热辐射光源的典型特征是光源持续地向外发光，并且在发光的过程中需要产生大量的热量。

2）气体放电光源

气体放电光源发光包括三个过程，如图 1-7-2 所示。首先，为光源提供稳定的电源，电源使电极发出电子并被加速。然后，快速移动的电子撞击光源内部的气体原子，使原子中的电子从基态跃迁到激发态。当没有能量输入时电子从激发态返回基态时，多余的能量以光辐射的方式释放出来。而该过程发射的电磁辐射的波长取决于放电气体电子轨道的特征以及气体压力，压力越高，光谱越宽，所包含的波长也越多。

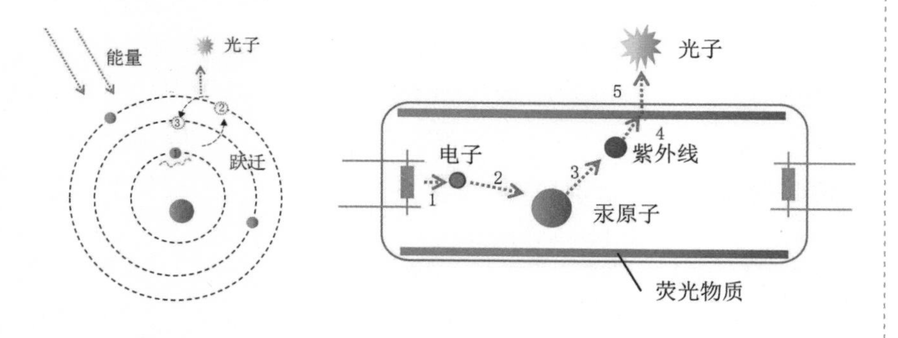

图 1-7-1　热辐射光源发光原理（左）
图 1-7-2　气体放电光源发光原理（右）

典型的气体放电光源包括荧光灯、金属卤化物灯、钠灯、氙灯等。

与热辐射光源持续发光的状态不同，气体放电光源的典型特征是其发光的过程并不连续。但是，这个并不连续时间间隔远远小于人眼能够识别的范围，因此，我们感觉到气体放电光源仍然是一个连续发光的状态。如果荧光灯等气体放电光源发生损坏，我们会看到其一明一暗的状态，这可以证明荧光灯属于间断发光。

3）固体发光光源

固体发光光源包括发光二极管 LED（Light Emitting Diode），有机发光二极管 OLED 和聚合物发光二极管 PLED。发光二极管工作原理是基础，OLED 和 PLED 只是在材料方面与发光二极管差异较大。相比于 LED，OLED 和 PLED 在体积、光效、节能、光色、柔韧性等方面都逐步提高。

发光二极管是半导体二极管的一种，其中心是一个 PN 结。PN 结包括两部分，一半是 P 型半导体，另一半是 N 型半导体，两部分中间夹着

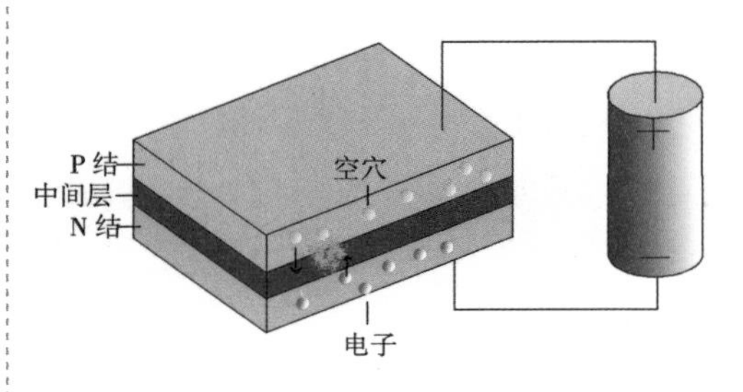

图 1-7-3 LED 发光原理

一层非常薄的砷化镓、磷化镓、磷砷化镓等半导体材料，如图 1-7-3 所示。

当给 PN 结施加电流时，P 结与 N 结游离的电子会在中间层结合，电子从高能级回落至低能级，多余的能量以光的形式向外辐射。发光二极管就可以发出可见光了，而中间层的材料直接决定了发光二极管的发光颜色。

1.7.2 光谱功率分布曲线（SPD Spectral Power Distribution）

一般光源都是有由多个波长的光混合出的复色光。利用分光棱镜可以将复色光分开，形成多个单色光。使用特殊的仪器可以记录每个单色光的波长和对应的辐射能量。将每个单色光的波长及其对应的辐射能量绘制在横轴为波长、纵轴为辐射能量的坐标系内，就可以形成这一光源的光谱辐射功率分布方式。通过观察光源的光谱功率分布曲线 SPD 可以直观地了解光源的颜色和辐射特性。

光源光谱辐照度其计算公式为[①]：

$$M(\lambda)=\frac{\partial^2\Phi}{\partial A\partial\lambda}\approx\frac{\Phi}{A\Delta\lambda} \tag{1.7-1}$$

式中：$M(\lambda)$——光的光谱辐照度（或出射度）（W/m^3）；

Φ——光源的辐射通量（W）；

A——辐射通量的积分面积（m^2）；

λ——波长（m）。

如图 1-7-4 所示，热辐射光源发出连续的光谱，气体放电光源的 SPD 曲线在特定波段较强，但多呈现不连续或突变的状态。

1.7.3 色温（CT，Color Temperature）

在实际应用中，如何准确说明光源的颜色呢？这时就需要一种定量标定光源的颜色方法。我们使用色温或相关色温的概念来定量的描

① CA Walker. Radiometric System Design：Clair L. Wyatt，Macmillan[J]. Optics and Lasers in Engineering，1989，11（2）：137–138.

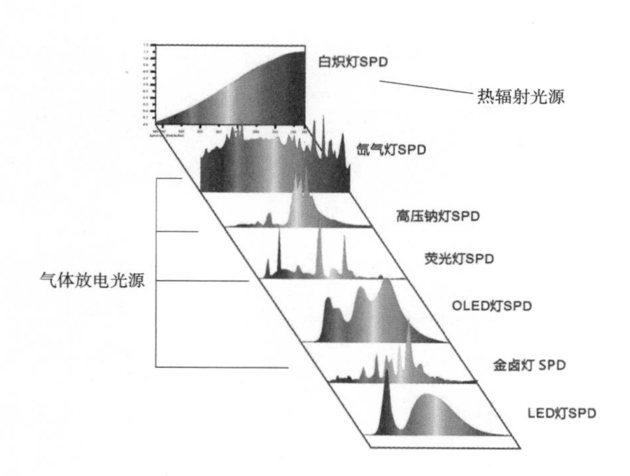

图 1–7–4　不同光源光谱功率分布曲线
（来源：知乎）

述光源呈现的颜色。光源的色温是指光源的色品与黑体色品一致时黑体的温度。我们知道对黑体进行加热，当温度比较低时，黑底呈现出红色或黄红色，当黑体的温度逐渐提高，黑体的颜色从黄红色转为白色，再到蓝绿色、蓝色，如图 1–7–5 所示。所以，温度不同时黑体的色品也在不断变化。黑体不同的色品，对应不同的温度，因此可以使用温度来表示黑体的色品，但黑体的色品与某一个光源的色品一致时，可以用黑体的温度来表示某一光源的颜色。但是，并不是所有光源的颜色都能够与相应温度黑体的颜色完全一致。如果不能完全一致，就使用最接近黑体的温度表示该光源的色温，称为相关色温（CCT）。由色温和相关色温的定义我们可以知道，高色温的光源是蓝色冷色光源，而低色温的光源是暖色、红色的光源。不同光源对应的色温示意如图 1–7–6 所示。

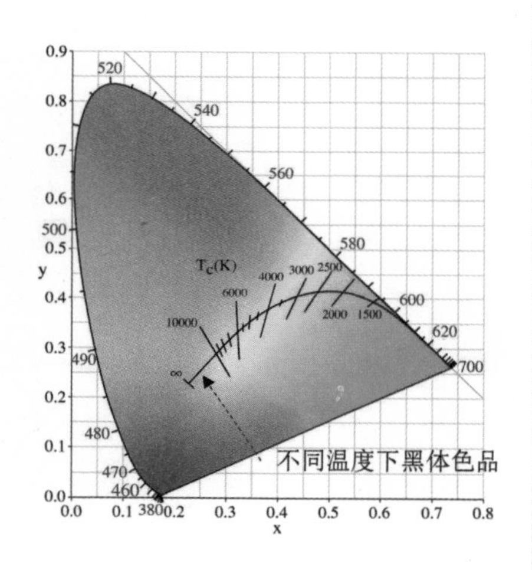

图 1–7–5　黑色不同温度对应的不同色品

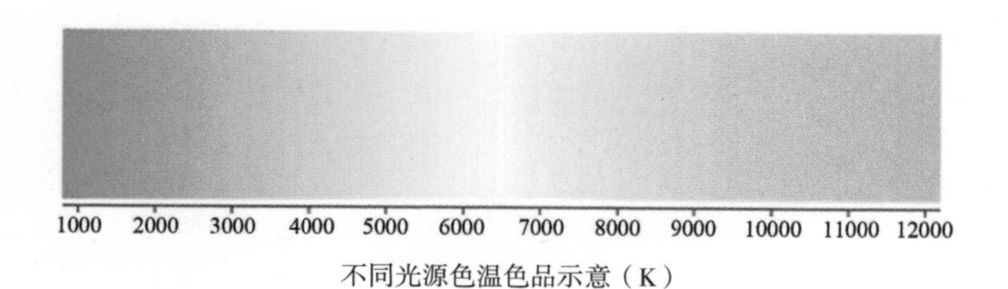

图 1–7–6　不同光源色温色品示意图

1.7.4 光源的显色性（Color Rendering of Light Source）

光源的显色性（CRI，CIE Ra）是某一光源与自然光源或标准光源相比，能够真实显示各种物体颜色的能力[①]。

由物体呈现颜色原理可知，当物体在太阳光下时，它可以呈现出原本的颜色，而在特定光源光色下物体由于无法反射相应波长的光，而呈现出不同的颜色。这就说明在不同的光源下，物体呈现颜色是有一定差异的。因此，使用光源的显色性来表示在这种光源下物体能够多大程度呈现原本的颜色。光源的显色性是指光源在与标准参照光源相比时对物体色产生的颜色效果。而这一标准光源通常是在 CIE1931 标准色度系统中心部分颜色接近的白色光源 D65，该光源与太阳光接近并能够比较好地呈现物体的颜色。

我们使用显色指数来表示光源的显色性。假设有 100 种颜色的物体，在太阳光下或 D65 光源下均能够呈现出原有的颜色，则我们认为太阳光或 D65 光源的显色性为 100%。同样，还是这 100 种颜色的物体，放在某一光源下，如果只有 60 种颜色能够呈现出原有的颜色，而 40 种颜色发生了变化，则该光源的显色指数为 60%。因此，可知显色指数越高，其光源显现颜色的效果就越好。在很多的人工光源中，白炽灯、荧光灯、金属卤化物灯具有较高的显色性，而钠灯、汞灯等的显色性较差。

1.7.5 光源玻壳代码（Light Source Glass Shell Code）

在我国销售的各类电光源产品的型号命名应遵守《电光源产品的分类和型号命名方法》QB/T 2274—2013 中的型号命名规定。各类电光源命名包括三个部分，最左侧为一般为字母，是表示电光源一般特征的汉语拼音字母，中间和右侧为电光源的关键参数。通常，中间部分为额定电压，也可以是功率或电流。右侧部分可以是额定功率或色调、色温、玻壳型号。

在日常使用中，常通过电光源的玻壳形状来简单区分不同光源或做出初步选择，所以玻壳型号常被灯光设计师关注。根据《电光源产

① Miller F P，AF Vandome，Mcbrewster J . Color Rendering Index[M]. New York: Springer，2007.

品的分类和型号命名方法》QB/T 2274—2013 的规定，电光源玻壳型号的字母部分表示玻壳的形状，数字部分表示玻壳的尺寸。根据玻壳形状分为三种类型：基本型、修改型和特殊性。基本类型使用 A–T 序列字母中的一个字母代替。修改型玻壳的第一个字母为基本型，后面可以在增加 1~2 个表述变形特征的字母。特殊光源的字母形式不遵守上述原则。

电光源玻壳形态字母含意统计如表 1–7–1 所示。

电光源玻壳形状字母统计表　　表 1–7–1

光源代码	描述	形状	光源代码	描述	形状
A/	任意形		MR/	多面镜面反射	
AR/	镀铝反射形		/MWFL	中等宽度泛光	***
B/	火焰（光滑）形		P/	梨形	
BT/	胀管形		PAR/	抛物面镀铝反射形	
C/	圆锥形		PS/	梨形；直颈形	
CA/	烛形		R/	反射形	
CMH	陶瓷金属卤化物	***	/SP	聚光	***
ED/	椭圆形		S/	直边形	
F/	火焰（不规则）形		T/	管型	
/FL	泛光	***	/VHO	超高输出	***
G/	球形		/VWFL	超宽泛光	***
/H	卤素	***	/WFL	宽泛光	***
/HIR	卤素红外反射	***			
/HE	高能效	***			
/HO	高输出	***			

注：
1.*** 特殊类光源，没有固定形状；
2./ 前面有字母时，表示 / 后面是数字。

1.8 光污染（Light Pollution）

1.8.1 光污染分类（Light Pollution Classification）

光污染是指由光辐射引起的不良环境影响现象。广义的光污染有多种类型：白亮污染（白天）、过度照明、彩光污染、眩光（白天或夜晚）、夜空发亮等[①]，如图 1-8-1 所示。任何一个不舒适的光源都可能包含上述至少一种光污染类型。而狭义的光污染专指夜空发亮。无论哪种光污染都是对自然环境和生命体产生负面影响的光现象[②]。

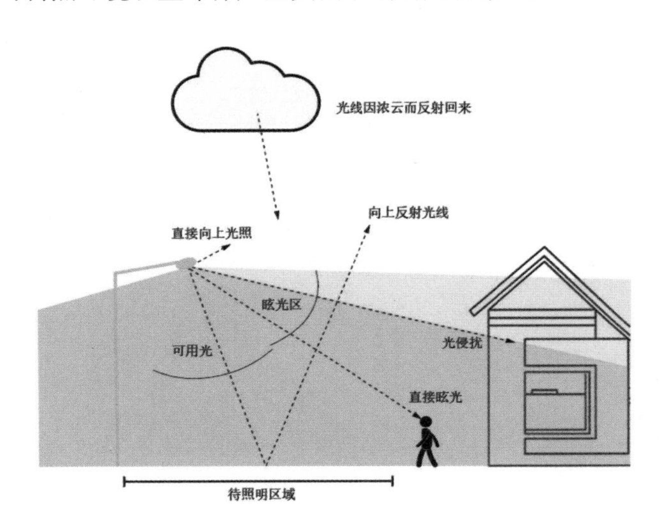

图 1-8-1 光污染示意图

1）白亮污染

白亮污染是城市建设中使用了过多的镜面反射材质，如建筑立面的玻璃、釉面瓷砖、磨光大理石等，这些材质在太阳光的照射下反射明亮晃眼的光。这种光不仅影响人的视觉能力，还会使人头昏心烦、食欲下降，甚至产生精神方面的疾病。

2）过度照明

过度照明通常指城市中使用过多的人工照明，超出需要范围的光照会使夜间的城市过亮，甚至宛如白昼。这样的光环境不仅造成能源浪费，同时也对生态系统的生命节律产生影响。长期、过量的光照，通过光侵

① Brons J，Bullough J，Rea M. Outdoor Site-lighting Performance：A Comprehensive and Quantitative Framework for Assessing Light Pollution[J]. Lighting Research & Technology，2008，40（3）：201-224.

② Kurt，W，Riegel. Light Pollution[J]. Science，1973.

害、光溢散、眩光等方式直接影响居民的安全、休息和健康。

3）眩光

眩光是指视野中时间或空间上极端的亮度对比造成的视觉不舒适或失去视觉能力的现象。建筑室内外环境中都可能产生眩光。如建筑室内在视觉范围内过亮的灯，会使看上去会不舒适或者因为它的存在而看不清楚需要观察的对象；城市道路中迎面较低的路灯灯光、路上的车灯灯光都容易导致司机看不清楚路面而发生交通事故。这些光都称为眩光，可根据眩光影响的程度分为不舒适眩光或失能眩光，根据眩光产生的方式可以分为直接眩光和间接眩光。

4）彩光污染

建筑与城市中的黑光灯、旋转灯、荧光灯以及闪烁的彩色光源构成了彩光污染。彩色光可以让人眼花缭乱，不仅对眼睛不利，还可以通过干扰大脑中枢神经使人感到头晕目眩，并出现恶心呕吐、失眠等症状。长期处在彩光灯的照射下，会不同程度地引起倦怠无力、神经衰弱等身心方面的病症。同时，部分彩色光源中会产生强度大大高于太阳光中的紫外线，如果长期接受这种照射还可能诱发白血病、癌变等严重疾病。

5）夜空发亮

夜空发亮是影响范围最大、持续时间最长、对生态环境破坏最严重的一种光污染形式，它与过度照明、彩光污染关系密切。

在城市建设过程中，即使室外照明装置的灯具摆放得再好、调节得再好、屏蔽得再好，它们也会有一些光线射向上方的天空。除此之外，被照亮的表面也会反射出来一部分光最终进入天空，溢散到天空中的过多光线照亮城市上空。从城市内部看，过亮的天空掩盖住了闪烁的星星；从城市外部看，城市上空笼罩的巨大的光球，这就是夜空发亮。它使得天空的背景亮度远大于自然本底辐射引起的背景亮度。

人或机器对所有发光物体的观察，无论是视觉的还是电子的，本质上都是对对比度的观察。当地面的光线进入天空形成一层光幕，这个光幕有一定的亮度，且被添加到观测领域的所有亮度中，这就导致被观测物与周围背景环境的对比度减小了。当要观察的物体是一颗恒星时，人们可能会假设它的观测亮度等于其表面的固有亮度，但由于观测领域内光幕的存在，就会导致观测结果要比其表面的实际亮度高得多。因此，夜空发亮会导致天文观测的不准确。

1.8.2 自然本底辐射（The Natural Background Radiation）

夜空发亮的来源主要包括：通过不同途径照射到天空的地面人工光、地球大气外各天体产生的自然光。地球周围各天体产生的自然光是以自然背景光的形式存在的，天文学家也是在此背景下观测天文物体的。自然背景光是由空间和大气中粒子的光的无方向性散射造成的，是无人工照明时夜空发亮的主导因素。我们将这种自然光被自然粒子散射而产生的辐射或亮度称为“自然本底辐射”。

自然本底辐射是地面天文台进行天文观测的绝对下限。通常自然本底辐射的最小值为 21.6 $mag/arcsec^2$，相当于 3.52×10^{-4} cd/m^2（Crawford①，1997）。这个值与 Anon② 所引用的广泛使用的 2×10^{-4} cd/m^2 的数量级相同。Cinzano 等人则使用 2.5×10^{-4} cd/m^2 的值。Leinert③ 将光谱中蓝色部分的值定义为 23 $mag/arcsec^2$，可见光为 22 $mag/arcsec^2$。鉴于天空背景亮度是一个不断变化的值，这些值仅用作使用的近似值。以上这些数据与在基特峰国家天文台（Kitt Peak National Observatory）的测量结果——21.9 $mag/arcsec^2$ 非常吻合。在智利，人们能够用望远镜观测到表面亮度低于 29 $mag/arcsec^2$ 的暗星系，这大约是太阳极小期④背景亮度的 700 倍。然而，应该注意的是，该值对应的对比度为 0.143%，远低于通常的对比敏感度阈值 1%。

根据 Levasseur-Regourd⑤ 的研究，自然本底辐射的主要来源有：

1）阈下恒星发出的光；

2）星际尘埃（构成星系的一部分）；

3）太阳系尘埃（构成太阳系的一部分）；

4）空气分子；

5）大气中的尘埃还包括一部分人造气溶胶；

6）大气中的水蒸气。

---

① Crawford，D.L. Photometry：Terminology and Units in the Lighting and Astronomical[J]. Sciences.，1997：14-18.

② La Protection Des Observatoires Astronomiques et Geophysiques（The protection of Astronomical and Geophysical observatories）. Rapport du Groupe du Travail. Institut de France，Academie des Sciences，Grasse，1984.

③ Leinert C, Mattilak. Natural Optical Sky Background[J]. Highight of Astronomy，1998，11（01）：208-209.

④ 太阳极小期是太阳 11 年活动周期中活动最低的时期，在这段时间太阳黑子的活动最少，太阳辐射减退。

⑤ Levasseur-Regourd，A.C. Natural Background Radiation-the Light From the Night Sky[J]. Impacts of Astronomy，1994.

其中，阈下恒星发出的光、星际尘埃、太阳系尘埃来自于地球大气层以外，空气分子、大气中的尘埃、大气中的水蒸气等来自地球大气层内部。显然，当天文台上方的空气层越稀薄、空气越干净，它们的影响就越小。这也就是为什么大多数主要的天文台都建在尽可能远离人类活动的沙漠地区高山顶上的主要原因。

联合国教科文组织就其中几个因素对自然本底辐射的影响做出了评估，如表 1-8-1 所示。其中，不同因素数值乘以亮度值，和相当于每平方度第十星等[①]的恒星数 S_{10} 表示。S_{10} 值与亮度值的转换如下式：

$$L=0.7\times10^{-6}\times S_{10} \tag{1.8-1}$$

式中：L——亮度值（cd/m^2）；

S_{10}——每平方度第十星等的恒星数。

需要注意的是，该表中使用的来源类别与本节前面给出的来源类别略有不同。其中，夜晚辉光与空气分子有关，黄道光与星际尘埃有关。从表中可以清晰看出，黄道光和阈下恒星对非地球光源的贡献最大。

自然本底辐射并不是一个不变的、简单的值。其来源主要受到太阳的影响，在太阳每 11 年的活动周期中，由于太阳辐射的不断变化，太阳对自然天空亮度的影响也有所不同。在太阳活动周期的 11 年期间，自然本底辐射变化约为 0.6 $mag/arcsec^2$（$21.3<V<21.9$）[②]。

不同因素对自然本底辐射的影响[③] **表 1-8-1**

来源	相对贡献	
	（S_{10}）	亮度 10^{-6} cd/m^2
夜晚辉光	80	56
黄道光	80~200	56~140
6 等以上恒星	20	14
阈下恒星	50~200	35~140
银河系尘埃	20	14
银河系外的尘埃	2	14

① 星等：衡量天体光度的量。

② Smith，M.G. Controlling Light Pollution in Chile：A Status Report[C]// Symposium-International Astronmical Union. Cambridge University Press，2001，196：39-48.

③ Levasseur-Regourd，A.C. Natural Background Radiation，the Light From the Night Sky.The Vanishing. Universe: Adverse Enviromental Impacts on Astronomy，1994：64-68.

国际天文学联合会（IAU）建议照射到天空的地面人工光不应超过自然本底辐射的10%[①]。然而，当考虑到自然本底辐射的变化时，IAU的建议并没有为室外照明装置的设计提供一个坚实的基础。1999年的维也纳会议建议引入“参考天空亮度”作为照明设计的参考，该值与太阳极小值相对应，建议使用21.6 $mag/arcsec^2$，这相当于Crawford提出的3.52×10^{-4} cd/m^2。

1.8.3 光污染的影响（Environmental Aspects of Light Pollution）

1）健康影响

光污染或过度光照会对健康造成各种不良影响，一些照明设计标准的制定就是以光照对人体健康影响作为依据。过度照明会使头痛发生率增加、性功能下降、焦虑增加、疲劳及精神压力增加。对于那些需要在夜间保持清醒的人来说，夜间的光线也会对他们的警觉性和情绪产生严重影响。

人工照明引起的昼夜节律紊乱更容易引发癌症。多项研究证明夜班工作与乳腺癌、前列腺癌发病率增加存在一定的相关性。而较高的人工光暴露量与乳腺癌患病率之间存在高度相关性。

过量的城市照明侵入室内，即使是光线昏暗也可能引起睡眠中断。长期受侵害光影响会导致慢性昼夜节律失调，睡眠和激素中断会导致长期的健康风险。还有研究显示，孕妇过多地暴露在光污染中导致早产的概率会提高13%[②③]。

2）生态影响

当人造光影响生物体和生态系统时，它被称为生态光污染。相关研究虽然只证明了夜间的光线可能对个别物种有益、中性或有害。但是生态系统是一个大网，任何一个点都不是孤立存在的。由此可推断，夜间

① Anon. Report and Recommendations of IAU Commission 50（Identification and Protection of Existing and Potential Observatory Sites）- Published Jointly by CIE and IAU in 1978.（Reproduced as Appendix 4.1. in McNally，ed.，1994：162-166）.

② Argys，Laura M.； Averett，Susan L.； Yang，Muzhe. Light pollution，Sleep Deprivation，and Infant Health at Birth[J]. Southern Economic Journal. 2021，87（3）：849-888.

③ Haim A，Portnov B A . Effects of Light Pollution on Animal Daily Rhythms and Seasonality：Ecological Consequences[M]// Light Pollution as a New Risk Factor for Huma Breast and Prostate Cancers. Springer Netherlands，2013：71-75.

的光线必然扰乱了生态系统。例如，一些种类的蜘蛛会避开光线充足的区域结网，而另一些种类的蜘蛛则乐于在能够吸引到更多飞虫的灯柱上结网。所以，不介意光线的蜘蛛比避免光线的蜘蛛在人类照明干扰下获得了更多的优势。这说明夜间光线的扰乱物种关系和食物网[①]。

在陆地上，光污染对夜间活动的野生动物构成了严重威胁，影响了动物靠月光定位或确定活动时间。而人工照明在错误的时间、错误的地点，提供了错误的光照，直接影响到夜视动物的捕食、进食和其他活动。这改变了捕食者与猎物的关系，对夜间活动的野生动物造成了生理伤害。

在湿地中，蟾蜍的繁殖活动和时间受月光的影响。一些种类的青蛙、蝾螈依赖光作为指南针引导它们向繁殖地迁徙。人工光环境的介入会导致它们在错误的时间走向错误的繁殖基地。同时，这些光还会导致幼体发育不规则，如视网膜损伤、幼年生长减少、过早变态、精子生成减少或基因突变。

在水中，像水蚤这样的浮游动物会受光污染的影响而减少进食表层藻类，从而导致藻类大量繁殖和湖泊中植物的大量死亡，降低水质。海边沙滩上孵化出来的小海龟，原本一出生就应该借助月光远离沙丘和植被的黑暗轮廓，爬向更明亮的大海。而海边城市的灯光远比大海明亮，这些灯光会引导小海龟爬向了错误的方向从而导致死亡[②]。

夜间光线会干扰蛾子和其他夜间活动昆虫的导航能力，它也会对昆虫的发育和繁殖产生负面影响。因为没有替代传粉者，依赖蛾类传粉的夜间开花的花朵可能会受到夜间照明的影响。因此，夜间使用人造光可能对农作物产量和野生植物的繁殖产生影响。1897 年《洛杉矶时报》就有报道，人们担心城市道路照明吸引了太多的昆虫，而专吃昆虫的鸣禽可能会因为没有昆虫可吃而大量死亡甚至灭绝。萤火虫依赖自身的光进行繁殖，因此它对光环境非常敏感，基于它对光的敏感性和对环境变化的快速反应特征，常被作为人工照明的生物影响指示器。

城市夜间的灯光会让候鸟迷失方向、影响觅食。据美国鱼类和野生动物服务局（U.S.Fish and Wildlife Service）估计，被高塔吸引致死的鸟

① Gaston K J，Davies T W，Bennie J，et al. Reducing the Ecological Consequences of Night-time Light Pollution：Options and Developments.[J]. Journal of Applied Ecology，2012，49（6）：1256-1266.

② Bertolotti L，Salmon M . Do Embedded Roadway Lights Protect Sea Turtles?[J]. Environmental Management，2005，36（5）：702-710.

类数量每年在400万~500万之间，甚至更高的一个数量级。因此，人们通过在鸟类迁徙期间关闭迁徙途经上的灯光来降低鸟类的死亡率。壳牌公司在近海钻井平台上使用的新型灯管，可减少50%~90%的环绕平台飞行的鸟类数量[①]。

3）对天文学的影响

光污染对天文观测影响较大。从城市区域看夜空与从黑暗区域看夜空是完全不同的。城市照明带来的天光降低了恒星、星系与天空本身之间的对比度，使得更难看到较暗的物体。与恒星相比，光污染对星云和星系等漫射天体的能见度影响更大，因为它们的表面亮度较低。这就是为什么在城市上空严重光污染的天空中，大多数这样的天体都是看不见的。也正因为上述原因，使得天文观测站只能建立在距离城市越来越偏远的地方。

1.8.4 光污染计算模型（Light Pollution Calculation Model）

光污染计算模型是最早进行光污染环境研究的方法，也是光环境研究的主要内容。从20世纪70年代开始，天文界学者就对夜晚天空的亮度进行了研究，并尝试建立夜晚天空亮度与各影响因素之间的量化关系。最初是将城市夜晚天空亮度与城市人口数量之间建立了关系模型。随着研究的深入，光污染计算模型的影响因素不断扩充，包括了自然背景光、大气条件、光的传播方式、地球表面、人口分布、观察点和角度等多种对天空亮度产生影响[②]的因素，相关研究如表1-8-2所示。

1970年，Walker通过观测夜天空亮度，结合DMSP/OLS数据，研究并建立了天空亮度、人口规模、观测距离间的关系模型。随后继续研究城市照明对夜空亮度的影响，在假设城市发出的总光量和人口呈正比的基础上，研究了天空人工照明随城市距离而变化的模型。通过预测人口变化来预测夜间天空亮度，并确定了不同城市在其45°方向上的天空亮度，及该亮度的扩展范围和距离。该值用于控制城市光污染[③]对天文观测站的影响。

---

① Cardinale A，Frittelli L，Lembo G，et al. Studies on the Natural Background Radiation in Italy[J]. Health Physics，1971，20（3）：285-96.

② Gallaway T，Olsen R N，Mitchell D M . The Economics of Global Light Pollution[J]. Ecological Economics，2010，69（3）：658-665.

③ F Hölker，Moss T，Griefahn B，et al. The Dark Side of Light：A Transdisciplinary Research Agenda for Light Pollution Policy[J]. Ecology & Society，2010，15（4）：634-634.

1973~1991 年间，Robert Pike、Treanor、Garstang 等人先后建立并完善了城市人口分布和天空亮度间的关系模型，增加了大气特性、人口增长率、观测点位置、观测角度、地球表面弧度等相关因素。此外，Cabello 研究了植被、路面、建筑表面等界面通过影响空间中光线传播而影响夜空亮度的模型；Puschnig 研究了云层、月相的影响，Cinzano 从光能量分布的角度研究了新的表达模型[①]。这些量化模型进一步为光环境的研究奠定了理论基础。

光污染环境研究数学量化模型统计表　　表 1-8-2

时间（年）	作者	研究对象	影响因素	结论
1970	Merle F Walker	夜晚天空亮度	亮度、雾、大气透明度、高度角	提出夜天空亮度测试条件
1976	Robert Pike	夜晚天空亮度、人口	大气散射、人口增长率	建立亮度—人口模型
1977	Merle F Walker	夜晚天空亮度、城市照明	城市人口、距离、45° 高度	建立人口—距离—观测角度模型
1986	R.H.Garstang	夜晚天空亮度、观测方法	地面反射、城市人口、观测点位置	建立亮度—人口模型
1989	R.H.Garstang	夜晚天空亮度、城市形态	地球表面弧度	建立亮度—人口—地面反射率模型
1991	R.H.Garstang	夜晚天空亮度、大气状态	尘埃	对原模型方法进行改进
2001	Steve Alere	夜晚天空亮度、人口	天空亮度标尺、人口、观察点	建立发光强度—人口模型
2006	Baddiley C	夜晚天空亮度、大气	大气分子	光污染在空中传播方式、观测点光形成
2013	Cabello A J	夜晚天空亮度、光线传播	植被、路面、建筑外墙	城市表面不同反率、不同波长反射影响
2013	Puschnig J	夜晚天空亮度、云层	云层、月相	典型夜天空亮度、月亮周期变化模型
2014	Cinzano P	光的能量、分布	扩散方式、观察点	光通量—观测点计算模型
2016	R.H.Garstang	夜晚天空亮度、大气密度	大气分子密度、气溶胶	夜空亮度—高度—大气密度—云层厚度模型

① Cinzano P，Castro F . The Artificial Sky Luminance and the Emission Angles of the Upward Light Flux[J]. Memorie Della Societa Astronomica Italiana，1998，71：251.

1.8.5 光污染监测（Light Pollution Monitoring）

光污染的标准并不是一个常数，它会受到很多因素的影响：时间变化、季节变化、太阳周期、空气中水分含量、气象、太阳高度和方位角的变化而变化等。出于不同的目的，可以使用不同的系统和方法来对光污染展开监测。比如：波尔特暗空分类法（波尔特夜空亮度公尺）、卫星监测、仪器检测①。

1）波尔特暗空分类法（Bortle 刻度）

Bortle 刻度是一种九级数字刻度，用于测量特定位置的夜空亮度。它量化了天体的天文可观测性和光污染造成的干扰程度。John E.Bortle 创建了这个标尺，并将其发表在 2001 年 2 月版的《天空与望远镜》杂志上，以帮助业余天文学家评估观测点的黑暗度和比较观测点的黑暗度。刻度范围从地球上最黑暗的天空（1 级）到城市内部的天空（9 级）②，给出了超过肉眼极限的每个级别的标准。表 1-8-3 总结了 Bortle 对这些区域的描述，有些区域与旁边的区域有很大差异，例如 Bortle 4~5。

Bortle 夜空亮度标尺　　表 1-8-3

级别	名称	颜色	肉眼极限星等	亮度 mag/arcsec^2	描述
1	天空完全黑暗	黑	7.6~8.0	21.99~22.0	• 黄道带光可见且色彩鲜艳； • 空气辉光清晰可见； • 银河系的天蝎座和人马座区域投射出明显的阴影； • 许多梅西耶星团（Messier）和球状星团都是肉眼可见的物体； • 三角星系(the Triangulum Galaxy)肉眼可见； • 金星和木星可影响暗适应
2	典型黑夜	灰	7.1~7.5	21.89~21.99	• 黄道带光明显偏黄，亮度足以在黄昏和黎明时投射阴影； • 在地平线附近可见微弱空气辉光； • 天空中只能看到黑洞； • 在天空背景下周围事物几乎看不见轮廓； • 夏季银河系结构清晰可见； • 许多梅西耶天体和球状星团肉眼可见； • 三角星系（M33 the Triangulum Galaxy）很容易用肉眼看到

① Posudin Y . Measurement of Light Pollution[M]. John Wiley & Sons，Inc，2014.

② Encyclopedia the free dictionary.

续表

级别	名称	颜色	肉眼极限星等	亮度 mag/arcsec^2	描述
3	乡村夜空	蓝	6.6~7.0	21.69~21.89	• 黄道带光在春季和秋季十分醒目，颜色仍然可见； • 地平线上有一些明显的光污染迹象； • 地平线附近的云层被照亮，头顶漆黑； • 附近的环境隐约可见； • 夏季银河系仍然显得复杂； • M15、M4、M5 和 M22 肉眼可见； • M33 在视线转移的情况下很容易看到
4	乡村 / 郊区过渡带	绿 黄	6.1~6.5	20.49~21.69	• 黄道带光仍然可见，但在黄昏或黎明时不会延伸到天顶的一半； • 多个方向可见夜空发亮的光污染圆顶； • 地面光线照亮云层，头顶黑暗； • 远距离环境仍清晰可见； • 远处的银河系可见，但缺少细节； • M33 很难被看到
5	郊区夜空	橙	5.6~6.0	19.50~20.49	• 只能在春、秋天最晴朗的夜晚看到黄道光； • 光污染在大多数方向可见； • 云层比天空亮 ； • 银河系在地平线附近非常微弱或看不见，在头顶看起来像褪色一般； • 在半月时期，天空看起来是橙色，如前所述的，其他时间（如月圆时）天空看起来是蓝色的
6	明亮郊区夜空	红	5.1~5.5	18.94~19.50	• 无法看到黄道光； • 光污染使地平线 35° 范围内的天空呈现灰白色； • 天空中任何地方的云看起来都相当明亮； • 高处的云层（卷积云）比天空背景亮； • 周围环境易于看到； • 银河系仅在天顶附近可见； • M33 不可见，M31 略微可见
7	郊区 / 城市过渡带	红	4.6~5.0	18.38~18.94	• 光污染使整个天空呈浅灰色； • 强光源在各个方向都很明显； • 云层明亮； • 银河系几乎或完全看不见； • 勉强可以看到 M31 和 M44，但没有任何细节，即使使用中等大小的望远镜观测，最亮的梅西耶天体仍十分苍白； • 当满月时期，在黑暗位置观测，天空看起来成红色，如前所述，其他时间天空看起来是蓝色的

续表

级别	名称	颜色	肉眼极限星等	亮度 mag/arcsec^2	描述
8	城市夜空	白	4.1~4.5	<18.38	• 天空是浅灰色或橙色的——人们很容易阅读； • 即使是非常熟悉的星座也几乎看不到； • 晴朗的夜晚，经验丰富的观察者也几乎看不到 M31 和 M44； • 即使使用望远镜，也只能找到梅西耶天体
9	市中心夜空	白	4.0	<18.38	• 天空非常亮； • 即使是熟悉的星座也看不见了； • 除了昴宿星，肉眼看不到任何梅西耶天体； • 可观测的唯一物体是月球、行星和一些最亮的星团

2）星等评估法

星等是天文学上对星星明暗程度的一种表示方法。将肉眼能看到的恒星分为六类。“天文学上规定，星的明暗一律用星等来表示，星等数越小，说明星越亮，星等数每相差 1 星的亮度大约相差 2.512 倍。1 等星的亮度是 6 等星的 100 倍。天空中有一等星 21 颗，二等星有 46 颗，三等星 134 颗，四等星共 458 颗，五等星有 1476 颗，六等星共 4840 颗，共计 6975 颗。更亮的为 0 等以至负的星等。例如，太阳是 –26.7 等，满月的亮度是 –12.6 等，金星最亮时可达 –4.9 等 [①]。

在不明确说明的情况下，星等一般指目视星等。恒星目视星等的极限值约为 6.0 星等。但是环境不同的情况下目视星等的可见数量在发生变化。

如表 1–8–4 所示，以不同星等的恒星数据为例，给出了不同的三组数字。尽管人们可以有把握地认为，在这 130 年里无论是恒星还是人类的视觉系统都没有发生太大的变化，但公布的数据之间的差异还是比较大的。

综上所述，不同夜空亮度等级评价标准对比如图 1–8–2 所示，左刻度给出了轻污染天空与自然天空的比例。自然天空亮度水平约为 0.25mcd/m^2。因此，这个比例的系数 2 意味着夜空亮度是自然水平的 2 倍（或 0.5mcd/m^2）；而在系数 10 时，夜空亮度是自然水平的 10 倍（或 2.5mcd/m^2）。随着该因子的提高，便能够看到银河系中较小的暗淡恒星。

① 百度百科 .

不同星等的恒星可见数[1]　表 1-8-4

星等	可见恒星数		
	2002 年	1872 年	1944 年
	北半球	北半球	全球
+7	7000		
+6	2500	3974	4720
+5	800	854	1460
+4	＜400	313	445
+3	＜50	152	105
+2	＜25	48	39
+1		13	12

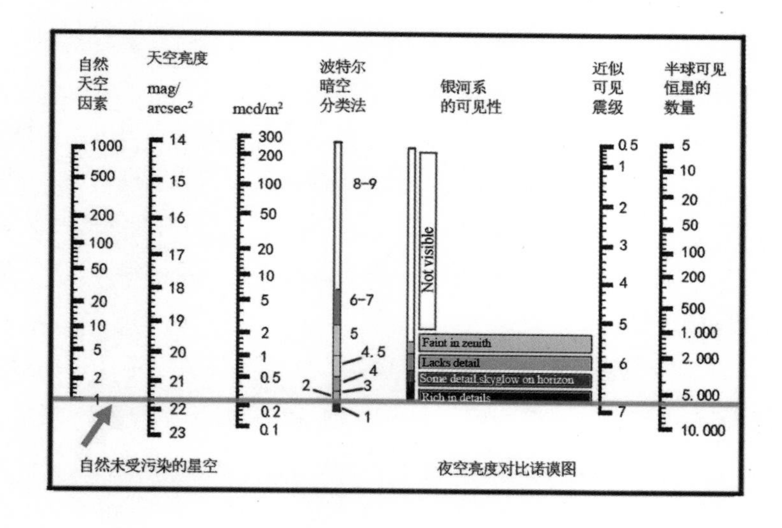

图 1–8–2　不同夜空亮度等级评价标准对比图

图 1–8–2 中第二个位置的刻度是在可视范围（V 波段）内每弧秒震级（mag/sec^2）的天文刻度。这时天空的亮度为一平方弧秒。太阳活动最低时，自然水平约为 21.6 mag/sec^2。

图 1–8–2 中第三个位置的刻度毫坎德拉 / 平方米（mcd/m^2）是照明工程师经常使用的刻度，代表眼睛在 555nm（绿 – 黄）下的最大响应亮

① Schmidt, F. & Kruger, U. Einsatz von Standard–CCD–Matrizen flir fotometrische Messungen – Anwendung und Design von Kameras mit hoher Aufltisung und Genauigkeit (Use of standard CCD arrays for photometric measurements – application and design of cameras with high resolution and accuracy) . Ilmenau, TechnoTeam Bildverarbeitung GmbH, 2000 (Year estimated) .

度。约 0.25mcd/m^2 的自然天空亮度水平比约 300cd/m^2 的计算机屏幕亮度低约 100 万倍。

图 1–8–2 中第四个位置的量表是常用的 Bortle 量表，从 1 到 9。对于一个优秀的黑暗天空，等级为 1；对于一个内城的天空，等级为 9。

图 1–8–2 中第五个位置的刻度（从右数第二个）显示了肉眼可以看到恒星的数量。这是一个近似的尺度，因为它强烈地依赖于经验、年龄、锐度和眼睛的瞳孔直径。年轻人的瞳孔更大，视力更敏锐，通常会看到更暗的恒星（更高的星等），而老年人和视力更差的人，只能看到较亮的恒星。在良好的黑暗天空中，"平均"观察者的视觉震级约为 6.6~6.8 级，但有经验的观察者的视觉震级高达 8 级。

最右边的刻度给出了观察者在观察者所在半球可以看到的恒星的大致数量。

3）卫星遥感监测

传统的地面实地测量费用贵、效率低、数据量少，难与历史数据进行对比，而采用对地观测方法的卫星遥感监测具有观测范围大、分辨率高、时间序列长等一系列优点。特别是以采集夜间照明数据的遥感观测，可以快速生成区域乃至全球的夜间人造光卫星图像，不同地区夜空光污染程度清晰可见。

当前的夜光遥感研究数据主要包括美国国防气象卫星计划提供的 DMSP/OLS 数据、美国航空航天局提供的 NPP–VIIRS 数据、2018 年中国研发的珞珈卫星提供的高分辨率夜光遥感数据。

美国国防气象卫星计划（Defense Meteorological Satellite Program，简称 DMSP）卫星由美国空军航天与导弹系统中心运作。该卫星搭载的线性扫描系统（Operational Linescan System，简称 OLS）传感器每日能获得全球范围内的昼夜图像，传感器空间分辨率为 3000m，生产的夜间灯光遥感影像空间分辨率通常为 1000m。该产品的灯光影像像元的灰度值（Digital Number，简称 DN 值）是在没有月光和云遮盖的影响下消除了火光、极光等偶然事件的影响后得到的地区年均灯光强度值，DN 值范围是 0~63。影像时间跨度为 1992~2013 年，分别由 6 个不同的卫星 F10（1992~1994 年）、F12（1994~1999 年）、F14（1997~2003 年）、F15（2000~2007 年）、F16（2004~2009 年）、F18（2010~2013 年）收集而来，可以提供长时间序列、连续的夜间灯光遥感影像。

新一代对地观测卫星 Suomi NPP 于 2011 年发射，逐渐取代了 DMSL-OLS 卫星系统来获取夜间灯光遥感影像。该卫星搭载的可见光 / 红外辐射成像仪（Visible Infrared Imaging Radiometer Suit，简称 VIIRS）能够获取新的夜间灯光遥感影像，空间分辨率也提高到了 750m，生产的夜间灯光遥感影像空间分辨率通常为 500m，其所采用的广角辐射探测仪增强了探测敏感度，消除了灯光过饱和现象。该产品可以提供 2014 年至今的夜间灯光遥感影像。

“珞珈一号”由武汉大学领衔，联合长光卫星技术有限公司研制，于 2018 年成功发射升空。该卫星搭载导航增强载荷，主要用于开展低轨卫星增强“北斗”等高轨导航卫星的试验任务，是全球首颗专业夜光遥感卫星。“珞珈一号”搭载了高灵敏度夜光相机，其精度可达到地面分辨率 130m[①]。

① 百度百科 .

第 2 章
光环境设计方法

光源的发光原理，光的传输、颜色，视觉特征，光度量，天然光等信息都是光环境设计过程中的基本信息。灵活应用这些基本信息，可以使建筑的采光设计、照明设计、城市照明设计、景观照明设计等过程变得更理性、更可控。

2.1 建筑采光设计（Daylighting Design）

2.1.1 采光设计流程（Daylighting Design Process）

采光设计在建筑中非常重要。随着建筑领域的不断发展,低能耗建筑、绿色建筑、零能耗建筑等建筑类型也在不断推陈出新，但在这个过程中，上述任何一类建筑的内部都有一个非常舒适、适宜的自然光环境。这些天然光环境不仅影响人的健康，还直接与建筑内部能耗密切相关。良好的天然光不仅可以降低照明的能耗，还可获得一部分太阳的热能为建筑提供热量。同时，良好的采光还可以带来开阔的视野，这对长时间生活在建筑中的现代人非常有益。不仅可以缓解压力，还有益身心。因此，在绿色建筑、健康建筑评价中都对建筑的自然采光有明确的要求。

自然采光设计是伴随建筑设计的整个过程开展的。同时它又有自己相对独立的过程，这一过程时刻关注建筑的实体部分、室内外的空间环境部分以及使用的人群特征三个主要因素[①]。

采光设计主要过程包括前期的基础资料收集整理、初步采光方案设计、采光方案深化、采光施工、采光管理和维护五个过程[②]，如表 2-1-1 所示。

建筑采光设计主要过程统计表 表 2-1-1

<table>
<tr><th>顺序</th><th>设计内容</th><th>主要指标</th><th>关注</th></tr>
<tr><td rowspan="5">1</td><td rowspan="3">确定天然采光目标</td><td>满足使用者需求</td><td>特殊人群</td></tr>
<tr><td>减少照明能耗</td><td>采光产生的冷负荷</td></tr>
<tr><td>提高舒适度</td><td>视野、心理</td></tr>
<tr><td>目标条件</td><td colspan="2"></td></tr>
<tr><td>与业主沟通</td><td>成本问题</td><td>说明采光与能耗、成本、回收周期、健康等关系</td></tr>
</table>

① Robbins C L . Daylighting[J]. Design and Analysis，1986.

② Boubekri M . Daylighting Design：Plaing Strategies and Best Practice Solutions[M].ed.Basel：Brkhauser，2014.

续表

顺序	设计内容	主要指标	关注
1	整体性设计	与能耗、照明、建筑设计等相关问题	不同建筑设计阶段的采光设计介入
	一般问题	不同时间内的目标照度值	相关标准
		亮度	工作位置
		工作平面	高低位置，水平 / 倾斜
		均匀性	工作性质
		眩光	类型
		控制方法	经济、艺术性、可持续性
		视野	视野与能耗、采光的平衡
		是否允许直射	采光对象特性
2	设计方案	—	—
	建筑形式与朝向	建筑朝向	不同朝向遮阳措施有差异
		太阳高度角、方位角	受时间和地理纬度影响，建筑采光涉及的太阳高度角和方位角不同
		光气候	不同地区室外光环境差异较大
		内部光分布	考虑建筑空间功能对光的需求、室内反射面反射率
	采光分析	窗洞口尺寸、位置、遮挡构建	侧窗、天窗
		空间与用户的采光需求	风格、工作特点
		空间与控光系统建议	风格、时间控制、可持续性
	能耗分析	考虑采光系统本身及其与照明、室内热负荷、冷负荷的关系	模拟方法
3	设计发展	采光控制、确定控制区域、控制时间、途径与效果	节能问题
4	施工阶段	影响采光数量与质量的建筑构配件、设备、材料	全生命周期碳排放计算
5	管理与维护	施工结束后应对照明系统进行调整	全生命周期碳排放计算

1）基础资料收集整理

一个建筑方案的开始阶段，采光设计就应该介入。建筑方案开始阶段，建筑设计师给每一个空间开启窗洞口，这无论是有意识的还是无意识的，都形成了采光设计的雏形，并创造了建筑采光的基本条件。

首先，要确定建筑进行天然采光设计的原因。这涉及天然采光设计的三个目标：（1）采光应满足特殊使用者的要求，并有益身心健康。比如很多老年人、儿童使用的建筑、医院建筑等都需要充足的光照提供热量、紫外线杀菌和优良视野。对于不同的建筑使用者，采光的需求略有差异；（2）足够的天然采光可以有效地减少室内的照明能耗，尤其针对只在白天使用办公类空间。天然采光的全光谱照射下，视觉对象可以呈现更好的细节，良好的色彩和清晰度不仅可以保护眼睛，还可以提高使用者的舒适度感受。（3）采光口（窗）的存在，不仅提供了一个光线的入口，同时也成了视线的出口。借用采光口，使用者可以与外界进行联系。对于长时间处于建筑内部的使用者来说，良好的与外界沟通能够更清楚地知道自己所处的时间与空间，在这个过程中不仅可以放松眼睛，还可以缓解压力和放松身心[①②]。

在确定采光目标前有三项重要工作：（1）与业主沟通；（2）形成清晰的整体性设计概念，包括采光设计内不同工种的团队成员之间的责任与工作流程和采光设计环节与照明设计、建筑设计、建筑能耗之间的紧密关系；（3）了解采光对象基本信息和重要的采光标准。

对建筑进行采光设计会改变单一的墙体构造，且良好的采光需要有高品质的建筑构配件来支持。因此，一个优质的采光必然会在基础建设费用之上再提高一定的成本。业主有权了解成本的变化和利弊关系。虽然这部分建造成本有所提高，但是可以通过降低照明的能耗、减少照明费用、提高使用者的身心健康等方面弥补回来。从建筑全生命周期角度考虑，这只是回报周期长短的问题。

在资料收集阶段，需要掌握的采光对象基本信息包括：

（1）不同时间内、不同区域所应该有的照度值。这个照度值或照度标准在相关的规范中都会列出，设计师应该有一个准确且详细的储备。

（2）建筑内部空间使用人员的位置，视觉对象以及视线内是否有足够的亮度，且这个亮度并不能够造成不舒适的感觉，如眩光。

（3）需要仔细考虑整个建筑空间表面的材料特性；室内照度、亮度又是如何分布；是否存在眩光、眩光的成因和水平如何。

（4）光环境所塑造的样式，不仅要满足使用功能要求，还要兼顾艺

① Tregenza P R，Wilson M . Daylighting：Architecture and Lighting Design[M]. New York ：Routledge，2011.

② Guzowski M . Daylighting for Sustainable Design[M]. New York ：McGraw–Hill，2000.

术感染力。

（5）采光的经济性问题。怎么样以使采光设计的费用最少？

（6）室内采光对象所需的开窗方式，以及建筑空间所具备的开窗条件。

（7）采光设计中要做到视野与采光与能耗的平衡。在特殊环境中，如博物馆和美术馆，这样的空间是否可以太阳光直射。这些都是采光设计前期需要了解的基本问题，是前期工作的重要内容和设计依据。

2）方案阶段

在掌握前期基础信息后，可以开始进行采光设计方案的工作。采光设计的初期方案包括：建筑形式与建筑朝向分析、采光分析、建筑能耗三个操作层次①②。

在进行建筑形式与朝向分析的过程中，首先要确定建筑的朝向。因为，在北半球南向空间可以获得更好的太阳直射光，光线比较强、光影效果好；而在北向，天空以扩散光为主，光线均匀，但是光照并不是很强。可见，不同的朝向会显著地影响室内采光的效果。为了实现建筑内部光环境的均好性，不同朝向光线的控制方法会因为外部光线不同而截然不同。

其次考虑光进入室内的角度。太阳的高度角、方位角直接影响采光光线的方向性。现实环境中太阳的高度角、方位角一直在变。因此，采光是一个动态的过程。但是，我们可以将这个动态的过程拆解成多个典型的静态点进行分析，也可以截取不同的时段进行分析。

太阳的高度角、方位角直接影响太阳光线进入室内的深度和空间内的采光区域位置。不同时间太阳光线扫过不同朝向室内区域，在室内呈现的位置也不一样。因此，在衡量一个采光设计方案的优劣的时候，并不应该用静止状态来衡量，而要从动态的角度来看整个光环境。这个动态的视角可以是白天的固定时间段，也可以是白天与夜晚间的真实状态，还可以是一年中的特定月份。如果需要，考量时间范围可以扩展为一年。

即使是同一纬度、太阳的高度角一致的地区，太阳光的强度与特征也不完全一致。这主要受当地的气候特征、地理特征影响。在我国，西

① HFO M ü eller. Daylighting. 2013.

② Tregenza，Peter.Daylighting ： Architecture and Lighting Design[M].New York ： Routledge，2011.

藏、四川、浙江地区接近同一纬度，太阳高度角也几乎一致。但是，当地的天然光环境差异非常大。这种差异我们可以用光气候分区来划定。

根据区域室外年平均照度的差异，将我国室外天然光环境划分为五个等级，用以区分不同地理气候条件下的光环境。

光气候Ⅰ区的典型城市为拉萨。拉萨地区太阳光线非常强；光气候Ⅱ区的典型区域为新疆和内蒙古；北京、山西、河南大部分地区属于光气候Ⅲ区；安徽、江苏、浙江、福建等地区属于光气候Ⅳ区。成都地区受地理气候影响，全年太阳日照量最少，属于光气候Ⅴ区。

不同气候区虽然太阳高度角相同，但是由于光气候不一样，同样的建筑空间，其采光效果差异较大。四川地区传统建筑需要较大的窗口才能使更多的光线进入建筑内部。浙江、上海等地区因为室外的光辐射比较强，则需要较小的窗口采光，就可以满足采光要求，而过大的窗口容易使更多的热量进入室内。

太阳光进入建筑室内之后，就需要考虑光线在室内的分布情况。所设计的太阳光的分布特征直接与室内工作面、室内的反射面相关。不同室内反射面和不同的工作区域位置，直接影响采光口的位置和大小。

虽然在建筑设计阶段，初步确定了窗洞口的位置。但在这个环节中，需要把原有的窗洞口进行精准定位。这个过程中需要明确窗洞口的尺寸、位置以及遮挡构件。这些因素的确定直接与室内光环境的需求和基础条件有关。这也是采光设计的基础内容，必须要满足建筑内部使用功能的需求。

在初步确定了窗口的位置、尺寸及遮挡构件、采光分布之后，确保采光效果可以满足基本功能需求。在此基础上再对以上采光要素进一步优化和模拟，包括采光效果与建筑风格的配合、采光系统控制。

光环境是室内风格的一个重要组成要素，采光设计应当考虑建筑空间特征与风格的整体性。不同的窗口形式、遮阳方式下产生的阴影效果、光线的明暗都会直接影响室内的风格。简约的室内空间设计需要更简约的光线；均匀柔和的光线更适合平静简约的建筑空间氛围；而活跃跳动的空间特性，更需要较强光影关系的变化，丰富的光影形态以及强烈的明暗对比，可以进一步提升整个空间的活跃度。这些光影关系都需要在确定了窗口尺寸、位置、构件的基础上深入讨论。而上述采光效果都可以与工作特点、需求、时间准确关联，并可以使用智能控制系统进行精准的控制和监测。

采光设计的第三层设计内容是深入讨论采光对整个建筑的影响，尤其是对整个建筑能耗的影响。

因为采光系统与照明系统是紧密结合的，所以它们统称为“采光与照明一体化设计”。在这个过程设计中，建筑空间应最大限度地使用天然采光。但是，由于室外光环境的不断变化，室内采光环境也一定不是一成不变的。采光变弱时必然需要弥补一部分人工照明。所以，越多的天然采光就会意味着越少的人工照明和越少的照明能耗。另外，建筑室内的热环境也会受到采光的影响。夏季，天然采光很容易带入室内更多的热量，容易增加空间的冷负荷。而冬季，天然采光也会增加室内需要的热量，从而减少供暖设备的能量消耗。可见，天然采光对建筑能耗有直接影响。而能源消耗的多少又与建筑的节能水平、建筑的可持续性、建筑的碳排放水平等直接相关。那么，这部分由采光引起的室内热量变化和能耗的影响，需要准确地计算、模拟。现在很多天然采光的模拟软件都可以实现该部分功能。

3）施工与管理

施工阶段要再一次审视采光的数量、质量以及采光相关的建筑构配件。与采光数量与质量相关的建筑构配件，需要经过现场的测试，评价材料对光环境的影响效果后再准确安装。从建筑全生命周期角度讲，这些构配件的安装过程需要消耗一部分能源，安装后，使用过程中的维护与保养也需要消耗一部分能源，这些都要加入建筑的全生命周期碳排放计算内容中。施工结束后，建筑采光系统进入调整与维护环节，此时，需要有采光工程师进入场地进行调试，使采光效果达到最优。完成调整后，设计方需要将采光系统的维护保养与控制的方式交予使用方，并提供简单的培训。

2.1.2 采光设计内容（Daylighting Design Content）

采光设计每个设计环节中都有非常重要的要素需要进行仔细地推敲和确定。这些设计需要确定的要素就是设计的具体内容。依据采光设计的整个流程，我们需要具体考虑的设计内容包括以下几个部分：建筑的区位朝向、室外环境、建筑立面设计与采光的相关关系、房间的形态、采光窗洞口的设计、采光构配件、玻璃的选择、控制系统、室内反射面、眩光、采光与照明设计一体化设计、采光评估等多部分内容，如表 2–1–2 所示。

采光设计内容与建议表　　表 2–1–2

内容	建议
建筑区位、朝向	• 由于室外光环境特征不同应考虑不同的遮阳方式，不同朝向的空间应单独进行采光设计
室外环境	• 注意室外建筑、景观、地势的遮挡。关注室外环境对光的反射特性
建筑立面设计	• 建筑立面应与室内视野、采光需求、遮阳控制密切结合，最小化光泽饰面，减少眩光
房间	• 窄进深、高顶棚、倾斜顶棚、玻璃隔断有利于采光
窗洞口设计	• 考虑建筑空间的朝向、深度、通风需求。确定采光口的位置、侧窗、高侧窗或天窗采光。 • 考虑内部布置与反射面特征
窗的选择	• 评估可见光透射率。可见光的透射率直接影响室内的热负荷、冷负荷以及照明设计。同时，可见光透射率与光线的入射角度相关。当光线入射角度大于 60~70° 时，透射率会显著下降。 • 考虑窗的太阳得热系数（Solar Heat Gain Coefficient .SHGC） • 窗的导热系数 K。 • 可见光透射比[①]（Light–to–Solar–Gain Ratio，LSG）。 • 窗的透明度
玻璃的选择	• 中空隔热玻璃 • Low–E（Low Emissivity）低辐射镀膜玻璃 • 选择性透过（Spectrall Selective）玻璃 • 高透过性玻璃 • 有色玻璃 • 反射玻璃（外侧如镜面，低透射率） • 印花玻璃（烧结玻璃） • 自清洁玻璃 • 太阳能薄膜（Solar Films） • 夹层玻璃 • 各种玻璃强度
采光控制系统	• 室内外遮阳系统 • 反光板系统 • 导光管系统（Tubular Skylights）
室内反射面	为提高采光质量，室内反射面反射率建议如下： 顶棚≥ 90%；墙面≥ 60% 地面≥ 20%；隔断≥ 40% 但是注意，较高反射率的反射面容易产生眩光等问题
室内眩光计算	计算指标 VCP\UGR\DGP

① 可见光透射比：透过窗玻璃的太阳辐射得热与透过标准 3mm 透明玻璃的太阳辐射得热的比值。

续表

内容	建议
采光与照明一体化设计	进行照明系统选择与设计、照明控制系统设计、能耗计算
采光评估	各项采光指标包括： 采光系数、静态采光指标、动态采光指标

1）建筑的区域与朝向

对于采光相关建筑的区域与朝向设计，主要考虑不同气候区室外的气候特征，尤其是光气候特征，不同的光气候特征直接影响建筑采光和遮阳的效果。不同光气候区内太阳光的角度与强度也直接影响采光的洞口大小以及位置特征。对于建筑区位已经确定的建筑，由于外界光环境的差异，不同朝向的室内空间需单独进行采光设计和计算。

2）室外环境

在采光设计的过程中需要关注室外环境，尤其是这个环境中不可变的景观，包括室外的建筑、植被、构筑物以及建筑周边地势的遮挡。如图 2-1-1、图 2-1-2 所示，这些都会直接影响进入室内光线的量以及光线进入的时间。我们使用可见天空角来衡量可以有多少光线进入室内。可见天空角是衡量窗口可以看到多大室外环境的重要标志。当窗口前有遮挡物时，可见天空角是指窗口中点与室外遮挡物边界连线和窗口中点与窗上沿外边线（或平面中的测沿外边线）连线的夹角。该角度越大说明房间进入的天然光越多[①]。

室外环境设计还需要关注室外材质对光的反射特性。过高的环境反射率会增强进入室内的光线。这对窗洞口、玻璃等的选择都会产生影响。除此之外，还需要考虑建筑当地的大气透明度水平、周边环境的噪声水平。

图 2-1-1　地势、建筑对窗口的遮挡示意图（左）
图 2-1-2　倾斜窗口的可见天空角（右）

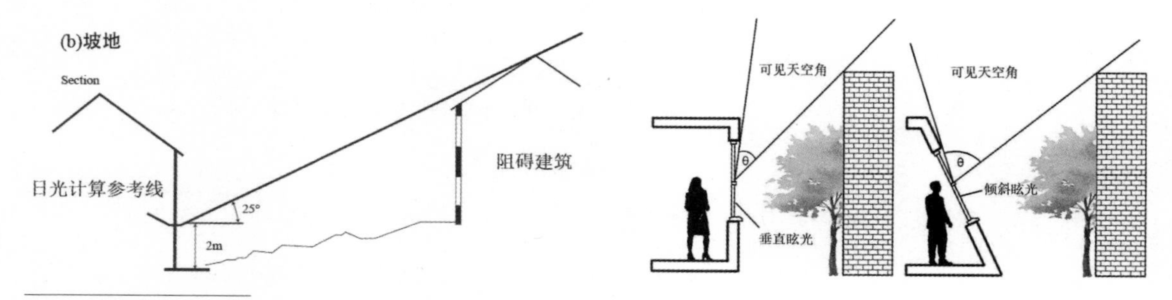

① Saifelnasr S S . A Design Chart to Determine the Sizing of Vertical Windows for Daylighting[M]. New York : Springer，2020.

因此，改变室外可变的景观，如布局、色彩、铺地等都可以影响室内的光环境。

3）建筑立面设计

建筑立面设计直接影响采光口位置、大小的确定。建筑立面设计的过程中不仅从建筑的角度考虑其美观形式和风格，还应该考虑从室内看向室外视野效果，以及室内的采光效果。窗户洞口的位置、大小以及遮阳构件直接并影响建筑立面设计。

4）建筑遮阳

建筑遮阳的方式分为内遮阳和外遮阳。内遮阳主要是使用遮光帘，其作用是对视线和光线的遮挡，仅能挡光不能挡热。所以，在条件允许时最好使用外遮阳。外遮阳构件安装在建筑透明围护结构外侧的装置，可以阻挡阳光直射，防止直射光透过玻璃进入室内、防止眩光，减少因过分照射给建筑围护结构或室内带入热量，以消除或缓解室内高温。

建筑外遮阳构件的基本形式可分为：水平式、垂直式、综合式、挡板式。不同的遮阳形式有不同的作用，会受朝向、太阳的高度角等因素影响，如表 2–1–3 所示。

不同朝向采光特征与遮阳形式选择　　表 2–1–3

建筑朝向	采光特征	遮阳形式
南	（1）夏季太阳高度角较高，宜采用遮阳措施控制采光。 （2）冬季太阳高度角较低，容易产生眩光，宜采用可调节遮阳装置，如百叶窗、遮阳帘等。 （3）高纬度地区太阳高度角较低，需关注眩光问题。 （4）在全年最冷季节，太阳高度角较低，房间容易产生较大的负荷	水平遮阳
北	（1）北向主要有高质量的天空漫射光，不受到太阳直射光的影响，光线柔和、稳定且容易控制。 （2）北向遮阳常被忽略，因此更容易有过多的光线进入建筑内部	遮光帘
东	（1）东向早晨太阳高度角较低，对室内工作区域进行遮阳设计。 （2）下午东向建筑空间受自身遮挡的影响，内部采光环境类似于北向房间。 （3）高纬度地区冬季早晨宜采用垂直遮阳装置	垂直遮阳、遮光帘
西	（1）西向房间下午可采用可调节遮阳装置，遮挡较低高度角的太阳光。 （2)西向下午室内容易积累较多的热量,易产生较大的制冷负荷。 （3）西向早晨室内的光环境类似于北向空间。 （4）高纬度地区冬季下午宜采用垂直遮阳装置	垂直遮阳、挡板遮阳、遮光帘

水平式、垂直式、综合式遮阳构件的计算方法如下。综合式遮阳方式的计算是前三者的综合。

（1）水平式遮阳构件尺寸如图 2–1–3 所示，计算公式如下：

$$L=H\cdot \mathrm{ctg}h_s\cdot \cos r_{s,w} \quad (2.1\text{–}1)$$

$$L=H\cdot \mathrm{ctg}h_s\cdot \cos r_{s,w} \quad (2.1\text{–}2)$$

式中：L——水平板挑出长度（m）；

D——端翼挑出长度（m）；

H——窗台至水平板下沿高度（m）；

h_s——太阳高度角（deg）；

$r_{s,w}$——太阳方位角与墙方位角之差（deg）。

（2）垂直式遮阳构件尺寸如图 2–1–4 所示，计算公式如下：

$$L=B\cdot \mathrm{ctg}\gamma_{s,\omega} \quad (2.1\text{–}3)$$

式中：L——垂直板挑出长度（m）；

B——两垂直板间净距（m）。

$\gamma_{s,\omega}=A_s-A_\omega$，$A_s$ 为太阳方位角，以正南方向为 0°，顺时针为正，逆时针为负；A_ω 为墙方位角，以正南方向为 0°，顺时针为正，逆时针为负。

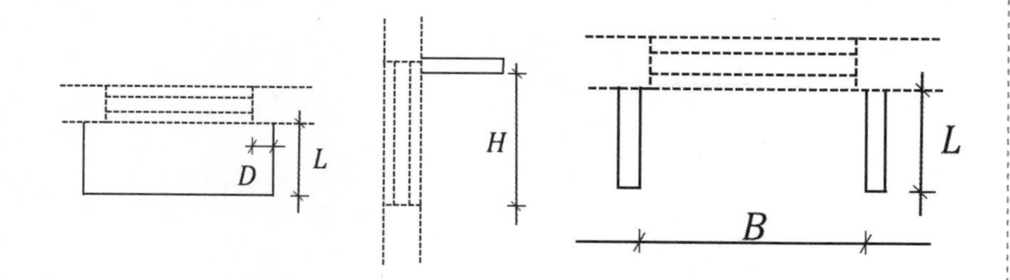

图 2–1–3　水平式遮阳构件计算相关尺寸（左）
图 2–1–4　垂直式遮阳构件计算相关尺寸（右）

（3）挡板式遮阳构件尺寸如图 2–1–5 所示，计算公式如下：

挡板式遮阳较适于东西向附近窗口、遮挡太阳高度角较小、从窗口正前方射来的一段时间内的连续阳光。任意朝向窗口的挡板式遮阳尺寸可先按构造需要确定合适的板面至墙外表面的距离，然后按下列公式求出挡板下端至窗台的垂直距离 H_0。

$$H_0=\frac{L}{\mathrm{ctg}h_s\cdot \cos\gamma_{s,\omega}} \quad (2.1\text{–}4)$$

$$D=H_0 \cdot \text{ctg}h_s \cdot \cos\gamma_{s,\ \omega} \quad (2.1\text{–}5)$$

$$S=H-H_0 \quad (2.1\text{–}6)$$

式中：H_0——挡板下端至窗台的垂直距离（m）;

D——挡板式遮阳水平板端部单侧超出窗口的宽度（m）;

S——挡板式遮阳垂直挡板的下垂长度（m）;

H——挡板式遮阳对应窗口的高度（m）;

L——挡板式遮阳水平板部分的挑出长度（m）;

h_s——太阳高度角（deg）。

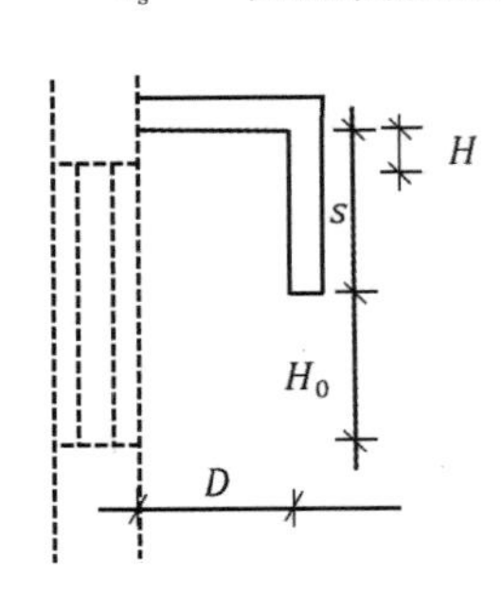

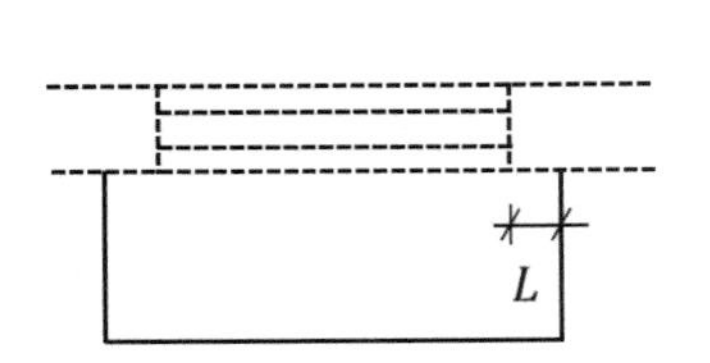

图 2–1–5 挡板式遮阳构件计算相关尺寸

$\gamma_{s,\ \omega}=A_s-A_\omega$，$A_s$ 为太阳方位角，以正南方向为 0°，顺时针为正，逆时针为负；A_ω 为墙方位角，以正南方向为 0°，顺时针为正，逆时针为负。

5）采光口

采光口的设计与房间的空间特征关系非常密切。对于侧窗采光而言，整个房间如果想满足天然采光的要求，最好是进深小的空间。常规空间及房间的高度几乎是确定的，无法无限增高，因此，进深大的空间难以让侧面自然光线到达内部。而进深小的空间能够使光线有效地进入内部，使房间的绝大部分空间受到太阳直射。房间进深约为侧窗高度 2.5 倍时，采光设计效果较好，如表 2–1–4 所示。

更高的顶棚有利于提高窗上沿的高度，在太阳高度角一定的情况下，就可以有更多的光线进入房间内部。如果将顶棚适当倾斜，还可以适当

满足采光条件的房间参数示例表 表 2–1–4

窗高度 H_W（m）	进深					
2.5	4.5	6.7	5.4	8.0	6.8	10.0
3	5.0	7.7	6.0	9.2	7.5	11.5
3.5	5.4	8.6	6.5	10.4	8.1	13.0
房间平均反射率 Rb	0.4	0.4	0.5	0.5	0.6	0.6
房间开间 W（m）	3	10	3	10	3	10

地增加顶棚对房间深处的光线反射，从而有利于增加该区域的采光量，提高该区域的亮度。因此，倾斜的顶棚有利于室内光线分布。

满足采光需求的基础建筑空间条件与房间的开间、进深和房间的平均反射率、窗洞口密切相关。基础条件需满足的关系如下式，且房间的进深（L）不应超过对应的数值：

$$\frac{L}{W}+\frac{L}{H_W}<\frac{2}{1-Rb} \tag{2.1-7}$$

式中：L——房间的进深（m）；

W——房间的开间（n）；

H_W——窗上沿高度（m）；

Rb——房间的平均反射率。

室内家具也会对室内的采光有较大影响，如图 2-1-6 所示，如果家具的长边垂直于窗口布置，那么光线会沿着家具的长边方向照射进入室内。而长边如果平行于侧窗窗口，那么家具的高度会在一定程度上遮挡进入到室内深处的光线，从而减少室内的采光量。因此，对于采光要求比较高的房间，尽可能使用比较低矮、浅色的隔断或者玻璃隔断，更有利于增加房间的光照量。

窗洞口位置和大小直接影响进入空间的光线量。在进行窗洞口设计的时候需要考虑建筑空间整体特征，包括建筑的结构特征，如开窗的墙上是否有影响窗洞口上沿高度的横梁，窗洞口下沿是否有散热器及其他不可拆除的墙体。同时，窗洞口与窗洞口之间是否有结构性立柱。这些都是直接影响窗洞口大小的因素。确定了可以开窗洞口的位置后，需要再根据室内采光的要求、光线需求的多少确定采光口的大小，但不宜过

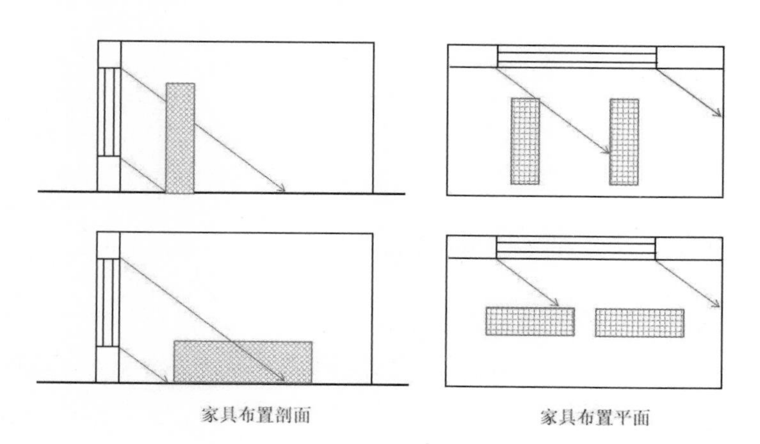

图 2-1-6　家具对采光的影响

小，需要考虑视野和通风的要求；也不宜过大，因为过大的采光口很有可能导致能量的消耗。

北向窗口室外的光线比较弱，室内同等照度需求下，窗口要开的大一些，而南向窗口可以适当开小一些；房间深且侧窗较远时，侧窗需要开大、开高，有利于光线进入房间的深处。如果空间高大，如博物馆类建筑需要在低处墙上保留墙面，则需要开高侧窗，如果有必要也可以开天窗进行采光；无论如何，开窗都需要考虑室内空间的布置，室内反射面应当避免眩光，尤其是距离采光窗较近的区域。

6）室内采光投影的计算

可使用折线光投影的计算方法对室内采光面积进行计算。

折线法是利用几何作图的方法计算求得采光面积。采光面积的计算是采光量计算的基础。

假设矩形窗的方向如图 2-1-7 所示。窗高 $DH=a$，窗宽 $BC=b$，窗厚度 $CG=d$，窗台高 $CN=c$，太阳高度角为 h，方位角为 A。

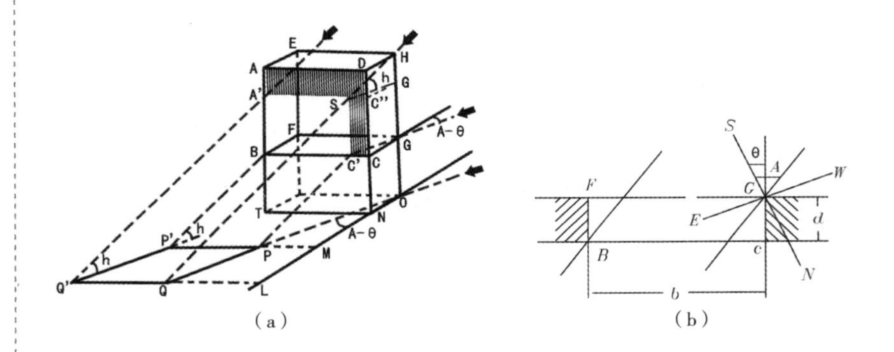

图 2-1-7 采光口光影区域计算示意图（a），采光窗口方位示意图（b）

$$\angle HSG'=h$$

$$HG'=SG'\tan h=C''G'\sec(A-\theta)\tan h=\frac{d}{\cos(A-\theta)}\tan h$$

因为：$BA'=SC'=a-\dfrac{d}{\cos(A-\theta)}\tan h$

所以：入射光面积 $A'BC'S=\left[a-\dfrac{d}{\cos(A-\theta)}\tan h\right][b-d\tan(A-\theta)]$

地面投影面积为：

$$QPP'Q'=BE'\times BA'\cos h\cos(A-\theta)=A'BC'S\times\cot h\cos(A-\theta)=[a\cot h\cos(A-\theta)-d][b-d\tan(A-\theta)]=[a\cos(A-\theta)-d\tan h][b-d\tan(A-\theta)]\cot h$$

7）窗

确定采光口之后，我们需要在洞口上安装窗构件——窗户，包括窗框和玻璃两个主要部分。在这一部分要考虑窗洞口中应当安装什么样的窗。窗作为建筑围护结构的一部分，应该像墙体一样具有一定的隔热和保温作用。因此，我们需要考虑窗的导热系数及可见性。这两部分可以由两个参数进行控制：窗的可见光透射比、太阳得热系数。

采光窗透入的光包括7%的紫外线、46%的可见光，以及47%的红外线。这不仅与视看有关，还能够控制建筑室内获得的太阳能热量。可以使用透光围护结构的太阳得热系数①（Solar Heat Gain Coefficient）衡量建筑窗洞口获得了多少太阳能。太阳得热系数（又称太阳能总透射比、得热因子、g值）表示有多少太阳光可以进入室内，其值在0~1之间，计算公式如下列：

$$SHGC=SHGC_{C}\cdot SC_{S} \qquad (2.1\text{-}8)$$

$$SHGC_{C}=\frac{\sum gA_{g}+\sum\rho_{s}\dfrac{K}{\alpha_{e}}A_{f}}{A_{W}} \qquad (2.1\text{-}9)$$

式中：$SHGC_{C}$——窗自身的太阳得热系数；

g——窗中透光部分的太阳辐射总透射比；

ρ_{s}——窗非透光部分的太阳辐射吸收系数；

K——窗中非透光部分的传热系数[W/（m^2·K）]；

α_{e}——外表面换热系数[W/（m^2·K）]，夏季取16W/（m^2·K），冬季取20W/（m^2·K）；

A_{g}——窗的透光部分面积（m^2）；

A_{f}——窗的非透光部分面积（m^2）；

A_{W}——窗的面积（m^2）。

$$SC_{S}=E_{\tau}/I_{0} \qquad (2.1\text{-}10)$$

式中：SC_{S}——建筑遮阳系数，无遮阳时为1；

E_{τ}——通过外遮阳系统后的太阳辐射（W/m^2）；

I_{0}——门窗洞口外侧的太阳总辐射（W/m^2）。

① 中国建筑科学研究院，等．公共建筑节能设计标准 GB 50189—2005[S]. 北京：中国建筑工业出版社，2005.

我们通常用可见光透射比（透过窗玻璃的太阳辐射得热与透过标准3mm透明玻璃的太阳辐射得热的比值）来衡量窗进了多少光。需要注意，玻璃的透射率与可见光的入射角有关，如图 2–1–8 所示。

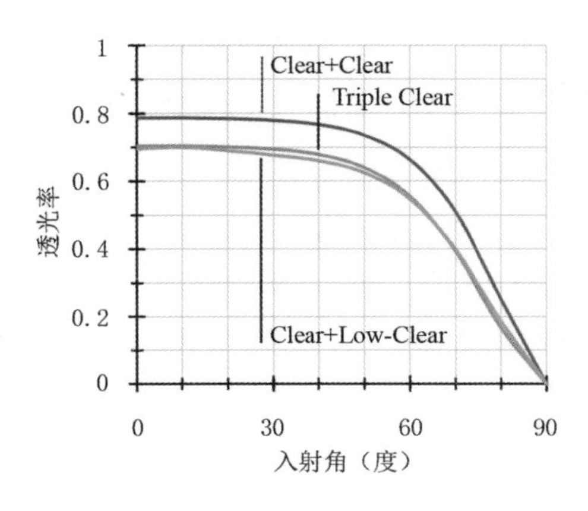

图 2–1–8 不同玻璃透射率与可见光入射角度的关系

如果希望通过窗的设计有更多的可见光进入室内，就可以考虑选择具有较高可见光透射比的窗。但是，对于某些特殊的空间，如博物馆、美术馆、实验空间等，这些空间需要室内恒温且避免眩光。这种情况下，可以通过控制窗玻璃的可见光透射比来控制室内的温度和进入室内的光线量。

采光设计师需要对玻璃有所了解，并能够根据需求选择合适的玻璃。本书中列出了 10 种在建筑中常用到的玻璃。这 10 种玻璃又大致可以分为三类：第一类，是控制温度型的玻璃，有中空玻璃、Low–E 玻璃、选择性透过玻璃；第二类，是从视看效果进行控制的玻璃，有高透过性玻璃、有色玻璃，反射玻璃、印花玻璃，这 4 种玻璃会呈现不一样的视觉效果，这类玻璃对视看的需求高于对热量控制的需求；第三类，是特种玻璃，有自清洁玻璃、太阳能薄膜、夹层玻璃。

自清洁玻璃可以长时间不结尘。对一些易污染区域、难清洁区域、难维护区域，具有较好的适用性。太阳能薄膜是普通玻璃上粘贴的可以透过其看到室外的一层薄膜，这层薄膜既可以透过太阳光，不会影响视看效果，又可以利用南向的玻璃立面，产生更多的电能。同时，还能起到一定的遮阳作用。夹层玻璃是在两层玻璃之间夹了一些特殊的物质，这些物质起到了粘结作用。高空需要的安全玻璃，防火防爆空间所需要的玻璃，都会使用夹层玻璃。不同类型玻璃性能比较如

表 2-1-5 所示。

不同玻璃性能列表举例 表 2-1-5

种类	颜色	可见光透过率（%）	太阳得热系数（%）	可见光透射比
标准 Low-E	透明	79	70	1.13
	灰色	40	45	0.89
	青铜色	48	50	0.96
	蓝绿色	60	39	1.54
反射玻璃	灰色	15	27	0.56
	青铜色	19	30	0.63
选择性透过玻璃	透明（低铁）	64	27	2.37
	绿色	49	28	1.75
中空玻璃	透明	53	32	1.66
	白色	38	30	1.27
三层	白色	45	58	0.78

8）采光节能计算

建筑设计中评价采光效果时宜进行采光节能计算，计算方法如下式（参考《建筑采光设计标准》GB 50033—3013）：

$$U_e=W_e/A \quad (2.1\text{-}11)$$

$$W_e=\sum(P_n\times t_D\times F_D+P_n'\times t_D'\times F_D')/1000 \quad (2.1\text{-}12)$$

式中：U_e——单位面积可节省的年照明用电量 [kWn/（m^2·年）]；

A——照明的总面积（m^2）；

W_e——可节省的年照明用电量（kWn/ 年）；

P_n——区域照明安装总功率（W）；

t_D——全部利用天然采光的小时数（h）；见表 2-1-6；

t_D'——部分利用天然采光的小时数（h）；见表 2-1-7；

F_D——全部利用天然采光的采光依附系数，取 1；

F_D'——部分利用天然采光的采光依附系数，在临界照度与设计照度之间的时段取 0.5。

各类建筑全部利用天然光时数 t_D 表 2-1-6

光气候区	办公	学校	旅馆	医院	展览	交通	体育	工业
Ⅰ	2250	1794	3358	2852	3024	3358	3024	2300
Ⅱ	2225	1736	3249	2759	2990	3249	2990	2225
Ⅲ	2150	1677	3139	2666	2890	3139	2890	2150
Ⅳ	2075	1619	3030	2573	2789	3030	2789	2075
Ⅴ	1825	1424	2665	2263	2453	2665	2453	1025

各类建筑部分利用天然光时数 t_D' 表 2-1-7

光气候区	办公	学校	旅馆	医院	展览	交通	体育	工业
Ⅰ	0	332	621	248	0	621	0	425
Ⅱ	25	351	657	341	34	657	34	450
Ⅲ	100	410	767	434	134	767	134	525
Ⅳ	175	429	803	527	235	803	235	550
Ⅴ	425	507	949	806	571	949	571	650

9）侧窗、天窗采光设计内容与流程对比（表 2-1-8）

侧窗与天窗采光设计流程表 表 2-1-8

序号	侧窗设计流程	天窗设计流程
1	检查房间的进深、天然光采光边界线是否满足标准	选择合适的天窗形式
2（1）	如果满足第 1 项内容，则该空间满足采光要求，则可以按照采光系数计算采光口大小	确定天窗洞口尺寸，使室内满足采光标准
2（2）	如果基本满足第 1 项，可以考虑通过调整光线路径使空间达到采光要求	—
2（3）	如果不满足第 1 项，则该房间的窗口近可作为视觉窗口	—
3	分析窗口的热特性，如果必要可以改变窗洞口尺寸或玻璃的特性，还可以考虑遮阳	
4	确定通风口的大小和形式	
5（1）	确定窗的形状和准确定位，考虑采光效果和视看效果	天窗定位，确保室内采光均匀性
5（2）		如果天窗与中庭相连，关注天窗采光对中庭环境的影响
6	选择合适的遮阳方式，控制眩光和室内过热	

续表

序号	侧窗设计流程	天窗设计流程
7	检查室内是否有视觉显示设备特殊需求，考虑必要的遮阳措施（视觉显示设备指投影仪、显示器等）	
8	检查室内是否有避免日晒的对象，考虑合适的遮阳措施和紫外线隔离措施，如书画艺术品、文物等	
9	选择合适的窗框与玻璃	
10	设计照明控制系统	
11	选择合适的光源	
12	选择适宜的照明控制类型，并进行安装和调试	

2.1.3　采光性能指标（Daylighting Performance Index）

建筑采光性能指标是衡量建筑采光效果优劣程度的重要标准。因此，需要明确采光性能指标的内容、意义和计算方法，从而有效地对该指标水平进行控制。这些指标可以分为两类：一类是常规指标，用于描述采光静态效果的静态指标，主要是采光系数；另一类是可以用于描述不同时间段采光动态效果整体水平的动态采光指标，如有效采光度、连续有效采光度等。

相关指标意义与计算方法如下：

1）采光系数（Daylight Factor，*DF*）

采光系数是光环境评价中应用最广泛的指标。该指标是指全阴天情况下，室内给定平面上的照度值与同一时间、同一地点室外无遮挡水平面的照度值之比，计算公式如下：

$$DF=Ein/Eout\times 100\% \qquad (2.1\text{–}13)$$

式中：*Ein*——室内某点的照度（lx）；

Eout——同一时间的室外照度（lx）。

由于该值表示的是全阴天假想情况下建筑室内的采光比例，是一个定值，与室外和室内真实可变的采光环境存在较大差异。因此，这个值仅能作为采光的初步估算结果。

2）平均采光系数

房间的平均采光系数可以间接表示房间采光的好坏。该指标与房间的具体特征密切相关，是一个更加准确的房间采光系数的计算方法。通常，房间的平均采光系数达到或超过5%，即可取得较好的采光效果。当平均采光系数在 2% 左右，房间就会觉得较暗。而这个值与房间窗洞口关系密切。平均采光系数的计算方法可以用图表法[①]计算，也可以采用下列公式进行计算：

$$DF=\frac{TA_W\theta M}{A\left(1-R^2\right)} \quad (2.1\text{-}14)$$

式中：DF——房间平均采光系数；

θ——可见天空角；

T——窗玻璃的透射率；

A_W——窗玻璃的面积；

R——房间的平均反射率；

A——房间内表面积之和；

M——不同倾角窗口玻璃的清洁度。

在可变天空环境下需要使用其他指标对动态采光效果进行判断[②]。指标如下：

3）有效采光度 Daylight Autonomy（*DA*）

有效采光度是指全年内使用空间中任意一点天然采光照度值高于某一标准值（通常为 300lx）的时长与空间使用时长的百分比。

该值可以表示空间内有效的采光面积、有效的采光时长，也可以用来计算采光照明一体化设计中，照明控制的时长与照明控制区域的范围。

4）连续有效采光度 Continuous Daylight Autonomy（*CDA*）

连续有效采光度是工作面某点采光现状水平与目标水平的接近程度。如某点 1h 的连续照度值为 300lx，而目标照度为 500lx，则 300lx/500lx=0.6，表示 0.6h 的照度是有效的。可见，该值越高，有效的照度时间越长。

5）最大有效采光度 Maximum Daylight Autonomy（*MDA*）

为了评价全年内可能出现的眩光情况以及过量的太阳直射光，提出了最大有效采光度。假设室内眩光出现时有一个特定的阈值，假设为 300lx，则设定 10 倍眩光阈值的值为最大有效采光度参考值 3000lx。因此，最大有效采光度 MDA 就是工作面超过 3000lx 的时长与全年工作时长的时间比值。表示一年内，工作面可能出现眩光以及受到过度太阳

---

① 刘加平 . 建筑物理 [M]. 第四版 . 北京：中国建筑工业出版社，2009.

② Reinhart C F，Mardaljevic J，Rogers Z . Dynamic Daylight Performance Metrics for Sustainable Building Design[J]. Leukos，2006，3（1–4）.

直射的时长水平。

6）区域有效采光度 Zonal Daylight Autonomy（*ZDA*）

区域有效采光度是指设定空间内全部监测点超过标准（通长为300lx）的时长占全年工作时长总数的比例。按照每天10h工作，较好的区域采光度值应当在50%~90%范围内。

7）空间有效采光度 Spatial Daylight Autonomy（*SDA*）

空间有效采光度是指达到全年最小有效采光度水平（50%）的高于300lx的观测点（面积）占总观测点（面积）的比例。这些计算的观测点并不需要同时达到300lx，因此，该值可以表示有效采光涉及区域的大小。

8）短时有效采光度 Temporal Daylight Autonomy（*TDA*）[①]

短时有效采光度是指采光区域的75%，同时达到采光标准（300lx）时长占全年工作时长的比例。该指标可以用来表达，达到标准的最大采光面积持续的时长比例。

9）有效照度 Useful Daylight Illuminance（*UDI*）

有效照度指达到满足工作面视觉条件的日光照度的累计时间占全年工作时间的百分比。这个满足视觉条件的照度值不可以太低，也不可以太高，通常在100~2000lx之间。当工作面照度低于100lx时无法满足工作要求，需要补充人工照明；当照度高于2000lx时容易产生眩光和视觉不舒适，同时也容易产生和增加室内的冷负荷。以此，有效照度值通长有三个指标：$UDI < 100$、$100 \leqslant UDI \leqslant 2000$、$UDI > 2000$。

10）直射光时长 Direct Sunlight Hours（*DSH*）

直射光时长是指测点受到直射光照射的累积时间。该值对建筑遮阳设计和研究光线在室内的扩散有重要作用。一种比较现实的计算方法是在典型气象条件下累计待测点超过1000lx照度的全年总时长。

11）采光均匀性 Daylight Uniformity（*DU*）

采光均匀性指标可以是空间内照度最大值与平均值的比值，也可以是采光系数最大值与平均值的比值，具体采用什么算法主要看空间的评判对象与问题。

① Dilaura D L. The Lighting Handbook：Reference and Application. 2011.

12）全年采光暴露量 Annual Sunlight Exposure（*ASE*）

针对光线敏感的艺术品、文物等对象，需要准确控制采光时长，以减少光对艺术品或文物的破坏。因此，需要统计全年内“对象”接收到多少“照度”以及被照的时长。由此，提出了全年采光暴露量的计算方法。如某对象的持续照度为 2lx，时长为 1 天 10 小时，共 365 天，则该对象的全年采光暴露量为 7300lx。

13）眩光

眩光分为不适眩光和失能眩光。CIE 开发了一个统一的眩光等级（UGR Unified Glare Rating）系统[①]，用于不适眩光的预测，现已被许多国家采用。此公式仅限于光源立体角度 ω 为 $0.0003 \leqslant \omega \leqslant 0.1$ 的情况。*UGR* 值范围为 5~30，数值越高表示不适眩光越大，计算公式如下：

$$UGR=8\log_{10}\left(\frac{0.25}{L_b}\right)\sum_i\frac{L_i^2\omega_i}{P_i^2} \qquad (2.1\text{–}15)$$

式中：L_b——视场的亮度（cd/m^2）；

L_i——观察者方向上的亮度（cd/m^2）；

ω_i——观察者方向灯具的立体角度（sr）；

P_i——光源位置指数；

P——在整个视场不同位置上对眩光光源的相对灵敏度的逆度量。由以下公式给出：

$$P=10.36\exp\left(35.2-0.31899\alpha-1.22e^{-2\alpha/9}\right)10^{-3}\beta + \left(21+0.26667\alpha^2\right)10^{-5}\beta^2 \qquad (2.1\text{–}16)$$

式中：α——从视线开始的仰角；

β——从视线开始的方位角。

室内窗的不舒适眩光，使用眩光指数 DGI（Daylight Glare Index）表示（参考《建筑采光设计标准》GB 50033—2013），计算公式如下：

$$DGI=10\sum G_N \qquad (2.1\text{–}17)$$

$$G_N=0.478\frac{L_S^{1.6}\Omega^{0.8}}{L_b+0.07\omega^{0.5}L_s} \qquad (2.1\text{–}18)$$

① Eble-Hankins, Michelle. Subjective Impression of Discomfort Glare from Sources of Non-uniform Luminance[J]. Leukos，2008，6（1）：51-77.

$$\Omega=\int\frac{\mathrm{d}\omega}{p^2} \tag{2.1-19}$$

$$p=\exp\left[\begin{matrix}(35.2-0.31889\alpha-1.22e\frac{2\alpha}{9})10^{-3}\beta+\\(21+0.26667\alpha-0.002963\alpha2)10^{-5}\beta^2\end{matrix}\right] \tag{2.1-20}$$

式中：DGI——窗的不舒适眩光指数；

G_n——眩光常数；

L_s——窗的平均亮度（cd/m^2）；

L_b——观察者视野内各表面的平均亮度（cd/m^2）；

Ω——窗对观察点形成的立体角（sr）；

p——古斯位置指数；

α——窗对角线与窗垂直方向的夹角；

β——观察点与窗中心点的连线与视线方向的夹角。

不同眩光指数与主观感受的对应关系见表 2-1-9。

眩光指数对应主观感受对照表　　表 2-1-9

范围	区域	*DGI*	*UGR*
不舒适区	无法容忍	＞28	＞28
	接近无法容忍	28	28
	不舒适	26	25
	有些不舒适	24	22
舒适区	可以接受	22	19
	恰好可接受	20	16
	显而易见	18	13
	可注意到	16	10

天然采光就是将自然光引入建筑内部，精确地控制并将其按一定的方式分配，以提供比人工光源更理想和质量更好的照明。天然采光的原始光源是太阳。太阳可以发射出强大的辐射能量，部分光能透过大气到达地表面，这一部分透过地球大气层到达地面的光线称为太阳直射光（晴天）。部分辐射能在通过大气层时碰到大气层中的空气分子、灰尘、水蒸气等微粒，从而会被多次反射形成散射光，由此辐射产生天空扩散（或散射）光（阴天）。太阳直射光和天空散射光呈现效果的区别是太阳直

接光形成的照度高、有一定的方向，所以在通过物体时会产生阴影；天空散射光会使天空具有一定亮度，但情况与太阳直接光相反，照度低、向不同方向散射，所以，没有固定方向的阴影。天空中的云量会改变这两种光的比例，云量是指天空总面积中被云遮住的程度。按照不同的云量程度，天空的变化有晴天、全云天、中间天空。

室外的天然光在不断地变化，而室内对光的需求是稳定的，因此，需要通过特定的设备和系统对室外天然光进入室内的路径和程度进行控制，从而控制进入到室内的光线的多少。这个时候就涉及对天然光的控制。对天然光的控制包括两种形式，一种是手动控制，另一种是自动控制。手动控制更加便捷，因人而异，也不需要消耗能源。但是，手动控制的精准度比较低，且在很多空间难以实现。如建筑使用的是外遮阳，通过手动控制会在建筑立面形成参差不齐的效果，影响美观。出于上述原因，在建筑中很多采光控制系统都是自动控制系统。

按照位置的不同又可分为外遮阳、内遮阳和结构遮阳。按照自动控制程度又可以分为全自动化遮阳及半自动化遮阳。全自动化遮阳系统，首先由感光端获取室内的光线信息，并将获取的光线信息传输给中枢系统。然后，中枢系统再传输给输出端。当室内光线不够充足时，中枢系统会给输出端发出指令，调节遮阳系统导入更多的光线，而当室内的光线充足或者过量时，中枢系统再进一步处理控制遮阳系统，遮挡住光线。如果是全自动控制系统，遮阳系统将自动完成上述操作；如果是半自动控制系统，则由人员直接控制，并按事先设定好的控制端的状态通过手工操作完成控制。这种方法既可以适用于室内遮阳，也可以采用反光板。反光板是将室外的光线或室内的光线反射到特定区域的一种特殊的建筑构件。这种构件表面光滑、反射率高，可按照特定的方向和光线的需求来反射光线。此时，它相当于一个遮阳构件，并可以通过接收端、控制中枢以及控制端完成对光线的控制。

对于室内，天然光是非常珍贵的。当光线进入室内时需要考虑室内表面对光线的吸收。为了提高室内的采光效果，建议室内使用比较高反射率的表面。但是，这些高反射率表面，又容易产生眩光。因此，需要对室内各表面的反射率进行平衡。通常在我们的视野范围中，较小的反射面顶棚其反射率可以适当提高，而且顶棚光洁平整，非常有利于反射室内空间的光让室内空间的光线更加均匀。因此，顶棚的反射率最好大于 90%，而墙面作为第二个完整的表面，对室内光的分布也起到重要作用，建议反射率达到 60%，出于稳定性和实用性的平衡，地面的反射率高于 20% 即可，而作为空间隔断的反射率最好要大于 40%。过低的反射率会对进入室内的光线有过高的吸收，使室内的采光效果降低。

室外天然光的照度变化范围非常大，从几百个勒克斯到几十万个勒克斯均有。过强的光线进入室内就会影响人们的视觉效果。不仅如此，过强的光线还会带来过多的热量。我们经常可以感受到近窗处刺眼的光线以及强烈的温度变化。为了控制此种情况的发生，需要对这些空间进行眩光控制，常用指标有 *UGR* 和 *DGI*。

UGR 是 CIE 开发的一个统一的眩光等级评价指数，其范围是 5~30。该眩光指数与观察者所面对窗口的亮度、窗口的位置关系密切。同时，这一指数也可以衡量室内照明眩光的影响。

DGI 眩光指数主要用于评价室内窗口的不舒适眩光，该值与窗口的平均亮度、视野内各表面的亮度，窗的位置及观察者与窗的位置之间的关系相关。该数值越大表示眩光的影响越大。

在进行完室内采光设计之后应进行采光与照明一体化设计。我们知道，室外的天然光并不稳定。在夜间清晨、傍晚，室内都需要照明，甚至室外天气不好时，也需要通过照明的方式补充室内的光线，使其达到基本的功能要求。因此，需要结合采光与照明进行一体化设计。采光与照明一体化设计其实是一个时间分配的设计。这个时间分配可以是完全自动化的状态，也可以是人为设定的一个状态。完全自动化的采光与照明一体化设计的时间分配，主要可以通过建筑外部的感光设备搜集室外的光照信息，当室外的光照信息低于某一个值时，可以启动室内的照明设备。室内的照明设备又可以分为两种情况，一种是室内照明设计进行统一照明，所有的区域完全一致；另一种照明系统的设计是为了节约能源，对不同的区域或特殊使用的区域进行分区设计。此类照明系统可以每个区域独立使用。当室外光线低于某一个值时，室内可以采用整体启动的照明方式，也可以采用分区启动的照明方式。分区启动的照明方式也可以加入完全手动的控制，此时，这个系统将会更加节能。这是第一种采光与照明一体化设计模式。第二种模式是采用半自动设计。提前规定好室内的照明开启时间，按照规定好的时间，如清晨或者傍晚某一时刻启动室内的照明系统。这种模式下仍然需要结合手动控制。当存在特殊情况，如阴雨天时需要加入手动控制照明光源来满足室内采光的光照需求。第三种模式是在室内加入感光设备，当室内特定区域光照低于某一值时，自动启动室内的照明，即光控照明，可以结合分区照明进行设计。

在进行采光与照明一体化设计时，需要紧密结合室外全年光照情况及室内的使用特征进行统一设计，并在完成设计之后结合实际情况进行能耗的计算。这样可以更准确地计算照明所带来的能耗以及天然采光减少的能耗，以利于后期采光系统的评估。

采光评估有多种指标，最主要的是采光系数。除了采光系数之外，还包括很多更有效、更准确的动态采光评价指标，如有效采光度、连续有效采光度、最大有效采光度、区域有效采光度以及空间有效采光度、短时有效采光度等。这些值都可以更好、更准确地衡量一个室内光环境的优劣。

2.1.4 LEED中的采光评价（Daylighting Evaluation in LEED）

建筑采光不仅影响人的视觉舒适度，同时还对建筑内部以及建筑与城市的能源消耗产生重大影响。因此，在绿色建筑设计过程中需要依据国内外绿色建筑标准中对光环境的要求进行光环境设计与评价。本书列举国际绿色建筑评估标准 LEED 中有关采光设计要求的相关评价项，以此窥视建筑采光在绿色建筑中的重要影响以及关键控制点。为建筑设计师与光环境设计师在进行采光设计中提供重要的参考。

在绿色建筑设计与评价中采光设计占 1~3 分。视野设计占 1 分。需要达到的基本采光要求包括：

1）为所有区域提供手动或自动（带手动操控）眩光控制设备。

2）满足以下两个选项中至少一项：

（1）模拟计算空间有效采光度（SDA）和全年采光暴露量（ASE）值。模拟网格高度 760mm，间距 600mm × 600mm。

对空间有效采光度标准为 300lx、50% 以上区域（$SDA_{300/50\%}$）进行计算，LEED 分值应满足表 2-1-10 的要求。

当照度在 250lx 以上时，采光时间大于 1000h 的区域全年采光暴露量 $ASE_{1000.250}$ 大于 10%。

（2）对室内照度进行模拟，满足以下要求：

不同有效采光度对应 LEED 分值 表 2-1-10

标准	分值
平均 $SDA_{300/50\%}$ 所占区域面积占建筑面积 40% 以上	1 分
平均 $SDA_{300/50\%}$ 所占区域面积占建筑面积 55% 以上	2 分
平均 $SDA_{300/50\%}$ 所占区域面积占建筑面积 75% 以上	3 分

在 9 月 21 日和 3 月 21 日前后 15 天中选择一天进行模拟，模拟时间为上午 9 点 ~ 下午 3 点，累计每小时空间内照度的平均值，并计算照度在 300~3000lx 之间的空间所占比例，提供眩光控制方法。

上述空间面积比应符合下表所示标准（表 2-1-11）：

室内照度达标区域面积比与 LEED 分值 表 2-1-11

达标区域面积比	分值
55%	1 分
75%	2 分
90%	3 分

需要达到的基本视看（视野）要求包括：

1）为建筑 75% 以上的空间提供包括自然环境或城市环境在内的视看窗口，且这些环境远离窗口 7.5m 以上（礼堂、视频会议室、体育馆除外）。如果视觉窗口为中庭，利用中庭视看的区域应达到建筑面积的 30% 以上。

2）窗玻璃的可见光通过率应高于 40%。

3）使用者需要直接看到室外景观，且高于视看者 1m 视野内不可以有眩光。

2.2 建筑照明设计（Lighting Design）

2.2.1 照明设计策略（Lighting Design Method）

照明设计具有综合性和专业性的特征。综合性是指照明设计与照明载体、可持续发展、生态环境、使用者需求以及健康、经济、艺术等多方面密切相关。专业性则是照明设计需要缜密细致的筹划、科学有效的设计以及适用和实用的成果。因此，照明设计需要认真考虑上述相关问题、过程以及效果。

2.2.2 照明量化设计（Qualitative Lighting Design）

照明设计是一个感性与理性综合进行的设计过程。在过程中理性、科学、可量化的内容具有十分重要的作用。要想完成良好的照明设计需要重点考虑以下三个方面的内容：经济性、设计团队、完善的设计过程。

照明设计的经济性是指需要从建筑的全生命周期内系统地考虑照明产品成本、照明能源消耗、照明热量连带产生的制冷能耗和热负荷，以及该设计间接产生的碳排放量和对生态环境的影响。

照明设计的团队需求是指照明设计的过程需要与照明载体设计，即建筑设计团队密切配合，以及主要照明设计师、电器工程师、施工单位、产品供应商、使用者等多方面的紧密配合。需要指出，使用者的参与和建议对于照明设计成果具有重要意义。

照明设计完善的设计过程是确保最终照明效果落地的关键环节。作为经验的积累和优化，程序化与个性化设计流程可以很好地保证照明的最终效果，并能够将设计的经济性目标、团队协作方式有效地组合在一起，使照明设计既可以作为一种流水线产品，又可以具有其艺术价值。

2.2.3 照明设计流程（Lighting Design Process）

照明设计过程是一个严谨的科学过程。该过程包括七个主要环节。在实际项目中可将这些环节拆解，并进行重点分析。在这一过程中某些环节可以精简，却不可以省略。

照明设计包括：项目规划、程序规划、原理设计、设计开发、合同文件、合同管理、评估七个环节，具体内容与目标如表 2-2-1 所示。

在室内照明设计部分基本包括四个阶段：第一个是规划阶段，也是初级资料整理和了解的一个阶段；第二个阶段是设计阶段，包括基础设计和深入设计；第三个阶段是合同阶段，包括合同图纸的完成以及施工合同的管理；第四个阶段即评估阶段。通过评估修正之后，再对照明设计进行优化和改善[①]。

---

① Tregenza Peter, Wilson Michael. Daylighting: Architeture and Lighting Design[M]. Taylor and Fancis，2013-01-11.

照明设计流程　表 2-2-1

阶段	内容	目标
项目规划	设定目标、了解参数、现场调研	形成项目简介资料
程序规划	调研、考察和评估照明系统、采光和规范的研究、项目数据	
原理设计	处理程序规划数据、专家研讨会	形成初始设计概念
设计开发	项目细节、成果形式、规格参数	解决设计概念细节
合同文件	工程图纸（照明平面图、电器平面图、顶棚反向图、立面图、透视图、明细图）、书面文件参数	具有法律约束力
合同管理	施工阶段（检查文件、采购产品、项目管理、监控、实地监督和调试）、施工后（保修、操作建议、维护手册、调试报告、未来的建议）	用于开启施工阶段
评估	调查和采访	评价设计的有效性、做出修改、改善未来项目

第一个阶段，需要设定照明设计的目标和了解空间的参数。照明设计师通过现场调研了解现场空间特征、采光环境、照明条件、使用特征等细节，通过与业主沟通，确定照明设计目标。

初步了解基础信息之后，进入程序规划，分为有目的的调研考察和评估现有的光环境系统。同时，要深入了解采光现状、现有照明规范的要求和项目建筑空间的数据。这些都是形成项目的前期基础资料。

在第二个阶段，需要利用头脑风暴的方式形成设计的初始方案，并对前期的数据进行初步处理。在设计的深入阶段，需要依据前期的设计方案进行深化，并对项目的细节进行讨论，将讨论结果以图纸的方式呈现出来。同时，配合相关的数据说明这时应该解决的设计问题。

第三个阶段，需要形成具有法律效力的合同文件。这些文件包括照明的平面图、电器平面图、顶棚反向图、立面图、透视图以及明细图等。同时，还应当有书面文件参数。这些文件应当具有法律效力，并应在这些文件的基础之上开展施工。

照明施工过程中需要对文件进一步了解和检查。同时还需要对照明使用产品的采购及整个照明实施过程进行管理，对施工过程进行监督及调试，以及在施工后针对保养维修等流程形成操作指南，并给出运行建议。

第四个阶段，完成照明设计施工之后，需要对完成的项目进行调研和采访。通过访谈式问卷评估该项目的有效性，并做出修改。使用后评估不但可以总结项目经验，也可以为未来的项目提供参考。

在照明设计的全阶段，照明工程师应该对每一个阶段的具体内容进行控制。同时，在不同时间点，照明设计师需要统筹多个工种相互配合。表 2–2–2 呈现了不同工种的工程师在整个照明设计过程中参与的内容，以及照明设计中具体环节的成果要求。

照明设计流程与团队协作表 表 2–2–2

阶段		范围		可交付成果	团队					
					建筑	电器	室内	景观	照明	机械
设计阶段	前期设计	场地	天然光	对场地采光情况进行评估	●	◆	◆	■	■	◆
			室外照明区域	确定室外照明区域	★				■	
		初步基础	项目信息	总结照明相关信息	★				■	
			设计目标	记录目标、标准、优先问题、相关技术	★				■	
		初步方案	初步方案	编制初步方案	★				■	
			协助审核	协助进行环保评级、成本、能源预算等	★	◆			■	◆
		用户参与		给客户介绍初步方案	●	◆	◆	◆	■	◆
	设计优化	重新确定或优化初步方案	重新确定方案	分析其他可能的影响，重新完成方案框架、审视初步方案不足	●	■	■	■	■	■
			优化初步方案	优化初步方案不足之处	●	■	■	■	■	■
			确定方案	形成文件性材料					■	
		设备选择	光源与灯具选择	通过团队不断讨论，经过设计、计算、审核确定光源与灯具的目标、标准、优先级	●	◆	◆	■	■	■
			布置与安装	通过团队不断讨论、协调、审核，确定建筑内部、外部的照明布置与安装方式	●	◆	◆	◆	■	◆

续表

阶段		范围		可交付成果	团队					
					建筑	电器	室内	景观	照明	机械
设计阶段	设计优化	布置与初始规格确定	照明设计要求	照明设计总图、灯具与光源布置设计要求	●	■	◆	◆	■	◆
			照明设计控制	照明布局设计要求文件	●	■	◆	◆	■	◆
			定型设计	形成照明设计总图、电路与控制系统图、光源灯具选型	●	■	◆	◆	■	◆
			审计	进行绿色评级、成本、能源预算		◆			■	◆
		客户沟通		给客户提供设计框架文件	●	■	◆	◆	■	◆
管理阶段	施工图设计	重定或优化设计方案		反馈客户及团队意见	●	■	◆	◆	■	◆
		图纸与细节确定		完成室内外总图、各平面、剖面、节点、配电、控制等相关图纸	●	◆		◆	◆	◆
		质量控制		循环检查、冲突处理		■	◆		◆	■
		照明规范		提供规范性文件、照明灯具表	●	◆	■		■	
		控制规范		预设与控制说明书或明细单	●	■			◆	
		审计		进行绿色评级、成本、能源预算	●	■			■	■
	施工管理	施工图审查		对所有施工图对照标准等进行审查	★	◆			■	
		现场检查		必要时在不同环节进行现场检查	★	◆	◆	◆	■	◆
		剩余工作		交付竣工计划、运行维护建议手册等	★	◆			■	
		调试		设备调试、灯光设计师可参与设备调试	★	◆			◆	

注：本表仅是设计流程概况，可交付成果仅为举例，并不包含所有细节文件。

■：主要责任人

◆：团队成员相互协调

●：负责设计方向和时间安排，确保成果交付

★：协调与监督

2.2.4 照明设计控制要素（Lighting Design Control Elements）

明确照明设计流程之后，需要进一步了解影响照明设计效果的因素，通过控制影响因素确保照明成果达到预期目标[①]。

照明设计影响因素包括以下部分：

在现状调研的过程中，其结果受多种因素影响。这些影响包括：第一，空间使用者的特征，如空间使用者的活力，使用者的工作任务、工作特性，使用者的年龄、使用者对光的反应状态。第二，建筑空间的特征，包括建筑空间的尺寸，空间氛围，空间使用特征，采光口的尺寸、朝向，采光口采光特征，光线进入室内的路径与通道，以及采光区域的变化，在进行采光与照明一体化设计时，我们需要采光与照明过渡自然，两者不能够有冲突，需要完美结合。第三，在前期基础信息整理过程中需要了解整个项目的经费情况，包括建筑项目经费和照明设计预算以及照明硬件的成本。这些因素都会直接影响前期基础调研阶段的成果，并直接影响前期基础信息的理解和照明方案的制定。（表 2–2–3）

照明方案初步设计阶段，需要确定照明设计的目标。该目标受三个主要的因素影响：建筑的采光特性、空间使用者的需求、空间的特征。

建筑的采光特性通常指天然光在室内的分布情况与强度。天窗采光与侧窗采光会在室内呈现完全不同的明暗边界。按照采光与照明一体化设计前提，天然光的边界初步划分出了需要照明的区域。可见，建筑光的采光特性直接对照明区域、强度、控制等产生影响，进而影响照明设计的目标。

空间使用者需求。这个需求不仅仅是照明功能的需求，也是心理的需求，是追求照明后所获得的心理感受，如宽敞感、轻松感、温暖感、愉悦感等。

空间的特征。一个优秀的建筑应该具有显而易见的、能够直接传达给使用者明确的空间氛围特征，或者称为空间意向。如中国风的空间设计、哥特风格的空间设计等。这些都是比较明确的空间意向。照明设计需要顺应建筑特征并提升或强化这种特征，从而满足建筑、使用者对照明环境的需求。

照明设计的过程中还需要考虑一些基本内容。这些内容包括：照明对象的材料特性、规范的要求，以及光环境水平与特征等。

---

① Edition E，Ganslandt R，Hofmann H . Handbook of Lighting Design[J]. Erco，1992.

影响这些内容的因素有：材料的表面反射率、水平与垂直照度的标准、表面亮度标准、显色指数、标准功率密度等，照明设计师需要在照明设计的过程中全面而准确地了解、掌握绿色等级目标相关认证要求和水平，方能够使照明设计方案更加科学、完善，更容易实现可持续性的目标。

通过照明设计所形成的光环境，不仅可以满足基本的功能需求，也可以获得特殊的艺术效果，从而满足艺术需求。为了在照明基本的功能需求之上，提升照明的艺术特性或满足个性的功能需求，就需要在照明设计的全过程中进一步深入讨论照明设计的影响要素，并在其中找到适合空间照明设计的方法。

实现照明空间艺术水平提升的方法主要有三个核心内容（表2-2-4）：

（1）照明空间的感受。这个感受对于绝大多数空间来说，是追求空间的愉悦感，即使用者在这个照明空间内感到很舒适，这要通过多重考虑来完成。

（2）通过照明的设计形成一个完整的照明空间意向。这种空间意象应该是建筑空间意向的一种延伸、补充或丰富、强化，而不应该脱离建筑的本体。同时，这种意向应该具有较强的完整性，能够被使用者明确地感知到，且有强烈、一致的特征。

（3）在整个照明设计的过程中需要考虑不同空间的不同光环境变化及其组织关系。照明所形成的光空间与建筑空间相比较，建筑空间硬朗的边界很容易控制，空间感强，一致性更容易实现。而光环境不同，光环境难以控制的边界很容易造成混乱。因此，在一个好的照明设计中，需要明确光环境变化的规则、路径和方式。

为实现上述三个方面的目标，可以将设计目标拆解为多个控制项，并通过寻找控制项的实现路径最终完成设计目标。

（1）为了实现照明愉悦感，应当充分利用天然采光与照明的结合。要先考察室内视野，确保视野有明确的边界和对象。舒适的视野又可以提供清晰、明确、良好的室外环境以及影像实现；窗口处清晰的地面区域有利于提高视野的舒适度。

（2）在照明设计中应区分建筑的尺度和人的尺度。建筑的尺度所需要的光环境和人的尺度所需要的光环境完全不同。如高大的空间中的洗墙灯尺度比较大，这是建筑的尺度，主要是为了形成视觉画面。而大空间中使用者活动区域的光环境覆盖的是一个更加低矮的范围，这是人的尺度。建筑尺度的照明与人的尺度的照明是两个不同层级的设计内容。

（3）通过光照继续强化建筑的三维空间特征。建筑可以通过硬朗的边界实现其三维特征。但没有光照的情况下，建筑的三维特征就不能够显现出来。因此，需要通过具有一定方向的光、有明确阴影的光照来实现和强化建筑的三维特征，使人在建筑中有良好的空间感受，如方向感、层次感、立体感等。

（4）明确照明与采光的区域分布特征和时间变化特征是采光与照明一体化设计的先决条件。室外光环境决定了太阳光与窗口的关系，以及光照在室内的分布状态。为了实现采光与照明的无缝衔接、过渡自然，采光区、非采光区、过渡区需要进行不同的照明设计，才能够使空间内的整个光环境达到较高的一致性。此时还需要注意采光与照明过程中产生的眩光以及眩光的控制问题。

（5）照明环境的设计需要进一步突出建筑层级关系。在白天，建筑的关系可以通过太阳光的强弱、阴影关系被人们识别。而当太阳落下，黑暗来临，建筑的空间层级关系则需要通过照明来完成。此时，可以依据建筑本体的空间特征、功能关系进行照明设计。这时，照明可以完全依据建筑的特征，照亮原有的建筑视觉中心以及活力区域。也可以通过照明打造建筑空间内全新的视觉中心或者活力区域，或者通过光照在建筑空间中创造新的景观。此时，建筑空间、视觉中心、环境景观关系非常明确。为了达到上述效果，有多种照明形式可以选择。这个选择与建筑空间的特征、人的喜好、照明技术相关，也与功能和美学相关。在功能方面，主要是满足视觉任务、视觉位置；而在美学方面，主要突出环境的吸引力。

一些经验告诉我们，对于一个物体来说，从其背景中表现出某种程度的突出是必要的。为了达到这一吸引的目的，物体与背景亮度比至少为 3 ∶ 1。当需要清晰的焦点提示时，亮度比至少为 10 ∶ 1。对于主要焦点，需要接近 100 ∶ 1 的亮度比。

（6）在打造照明空间愉悦感的时候，要注意照明的节奏。没有节奏的空间是不会给人以趣味的感受的。建筑空间中，照明中心或者照明活力区域与其周边的环境形成或轻或重的对比，就可以形成一定的照明节奏。这个节奏往往是秩序的一种体现，可以通过多个照明光源、多种重复的照明形式形成一定的节奏或韵律，给人以美的享受。

（7）足够的空间亮度提升了照明空间的愉悦感。对比太阳光下与月光下的感受，可以明显地感受到在太阳光下的轻松和舒适。室内照明也一样。室内照明的照度远不如太阳光，适当地提高照明空间亮度，打造一种白天室外的场景，会给人一种轻松的感受。需要注意，空间的明亮度与光色的搭配，避免光照超出舒适度范围，否则容易形成让人感到焦虑的空间。此时，适当的亮度是照明空间愉悦感的一个加分项。

（8）建立照明空间秩序。空间的秩序感非常重要。秩序使人感觉熟悉，从而在有秩序的空间中能够放松。秩序有多重形式：排列、位置、层次、色彩、形状、主次、轻重等。有秩序的空间给人舒适、放松的感觉，无秩序的空间会给人以混乱、紧张、不可测的感受。

（9）强化照明空间的空间定义。照明空间定义可以通过照明的平面设计、交线设计、突出建筑设计特点三个方面实现。

照明的平面设计是指照亮建筑空间的全部或部分平面，使整个空间足够明亮。可以通过强化地面、屋顶或是侧墙的亮度，扩大整个平面空间的视觉感受，并提供一个空间范围。再突出各平面的特征，如使用射灯强化建筑的纹理、区分不同的光源、强化建筑的色彩等。

屋顶到屋顶、屋顶到墙，墙到墙、墙到地面所有的转接点都需要进行重点设计。因为柔软的光只有形成清晰的边界，才能够勾勒出整个建筑硬朗的风格，空间边界不清容易形成混沌的感觉。

特征明显的建筑空间要素可以概括为四类：点、线、面、块。照明设计应当依据建筑空间特征进行特征强化设计。如建筑空间内比较大面积的对象，可以是景观、地面、墙体、隔断等，总之是一个平面事物，那么照明就需要强调这个平面对象的特征。如果空间重点的对象是一个体量，这个体量可以是雕塑，可以是另外一个空间，也可以是某个角落，总之它是有空间层次特征的体量。那么，在照明设计中应该通过强调体量来表现这个空间的特征，强调体量即增加空间的阴影关系、光照以及对比度，从而形成比较并吸引人的视线。

（10）优化照明的路径，就是优化照明从一个区域到另一个区域的变化方式以及传播的过程。可以通过拆解整个过程，形成不同的设计点，作为视线或者光线的目标，从而延续整个路径。这些目标可以通过亮度的变化来确定，也可以通过形式的变化来确定，或者是对比度，甚至可以是颜色。通过数量及变化不断地确定目标，多个目标的连续变化就形成了照明的路径。

展现照明空间定义、空间氛围的设计还可以进一步被细化（表 2–2–5）。

根据不同的空间氛围，大致可以分为小众型、隐秘型、放松型、具有明确空间感的空间、清晰型等类型。不同类型有不同的呈现方法。

小众型空间氛围是一个空间需要满足不同人的喜好。在这种空间中，设计师可以采用三种不同的照明方式：（1）突出边缘设计。这些边缘可以包括墙体、窗墙等。在这些边缘区域使用不均匀的照明，划分出不同的区域以满足不同人的需求，这种方式在绝大部分区域里面是适用的。（2）使用非均匀的照明。在一个空间中划定不同的明暗区域，以适应不同的功能以及人的喜好。（3）适当提高局部的照度，使整个空间变得明亮。这种明亮的设计的依据可以是建筑的材料、建筑空间，也可以是功能。

隐秘型空间氛围更需要非均匀性照明，而且光线是暗淡的。在一些比较隐秘的空间并不需要大面积的照明，只需要对边缘进行勾勒，确定空间范围即可。这种隐秘的空间比较适合高档俱乐部、酒店等特殊且具有统一气质的人群。

放松型空间氛围更偏重于昏暗的光线，并不需要高照度的光环境，因此将边缘突出并划定空间即可。如照亮空间的边缘或少数对象，作为点缀和空间的限定。这种做法比较适合临时的区域，而对于一些餐厅区域，可以适当降低整体光照，使人们能够放松下来。在一些走廊和等候区也可以使用非均匀的照明。

具有明确空间感的空间是指那些需要容纳比较多的人流、有比较多的使用者的空间。这时候空间的宽敞、明亮感受非常重要。因此，均匀的照明、均匀的照亮墙面，可以给人以很好的空间感受。而对于集中型的空间，如讨论室等则需要根据使用的性质确定明亮程度。有时明亮的灯光并不是必要的，只需要把空间的范围准确地表达出来即可。

某些空间需要较高的视觉清晰度，即清晰空间氛围明亮的空间更有利于提高视觉的清晰度，可以通过提高顶棚或者工作面的明亮程度来提高清晰度。有时也需要提高空间周边边界的亮度，来提高视觉清晰度，这主要取决于空间使用功能特征。在整个空间中提供相对均匀的照明，主要是为了使视线能够更通透，可以看清楚空间内部的所有内容。这样可以传递一种清晰的感受，也是提高视觉清晰度的基础方法。

照明具体工作流程清单示例　表 2-2-3

程序	范围	计划清单详情
现状	场地调研	空间活力
		工作任务
		使用者年龄
		使用者反应
既定设计内容	载体	载体空间尺寸
	天然光	窗口大小与朝向
	预算	建筑预算
		照明硬件预算
	环境	天然采光通道
设计目标	特殊影响因素	愉悦感、空间秩序、空间定义等
	心理因素	宽敞感、放松感
	采光	窗口朝向、窗口形式、天花板形式
准则	材料	表面反射率
	照度	水平和垂直目标值
	表面对比度	表面亮度
	显色性	显色指数
	规范	影响照明的相关规范要求
	功率密度	功率密度等相关规定值
	绿色认证	LEED 等相关绿色认证系统

照明设计特殊影响因素与控制列　表 2-2-4

因素	控制途径	控制项	控制方法	实现途径
愉悦感	天然采光与照明	视野	明确视野	提供清晰的地面视野
				确保室外景观最优
		尺度：二维	确定尺寸	形成正确的建筑或人的尺度
		形态：三维	确定体积	确保三维形态特征清晰和控制眩光
		布局	—	—
		朝向	采光区域	优化采光分布与覆盖区域
			眩光控制	
		关系	与建筑的关系	墙、屋顶、洞口、建筑要素、尺寸
			内部	视觉中心或有效的活力区域

续表

因素	控制途径	控制项	控制方法	实现途径
愉悦感	天然采光与照明	关系	景观	天然光下眩光控制与视野
		形式	尺度与频率	与建筑、人、照明技术相关
			功能与美学	与视觉任务、位置、吸引力相关
		节奏	小组	视觉中心或有效的活力区域
		重复	—	与建筑、人、照明技术相关
		亮度	—	—
		秩序	定义视觉秩序	建立视觉秩序
			定义视觉舒适度	限制眩光
		量级	视觉吸引力	提供对象立体感和趣味性
空间定义	平面	亮度：均匀度	强化平面	平面・亮度 使用洗墙灯
		形式	强调纹理	使用射灯
	交点	屋顶 – 屋顶	强调边界	重点平面设计
		屋顶 – 墙	清晰表达交界	重点在交界处
		墙 – 墙	清晰表达设计风格	使用光和灯具强化风格
		墙 – 地面	清晰表达设计风格	使用光和灯具强化风格
	设计特点	2D 表面	集中注意力	强调大的单体的特征
		3D 物体	集中注意力	强调“体量”效果的多个特征
传播	路标	亮度	—	—
—	—	形式	定义路径	突出要素
		量级	确定目标	突出目标的区域或点
		颜色	—	—
		形式	定义路径	如艺术品一样突出颜色特征
		量级	确定目标	强调目标的颜色特征

照明环境特征设计设置表 **表 2-2-5**

印象	照明形式	设计逻辑	技术补充	典型应用
偏好	边缘	使用边缘的不均匀照明	墙体或窗墙照明	大部分区域
	非均匀照明	—	—	—
	明亮	明亮的照明有助于提升效果但不是必须的	可以强调一种或几种建筑或材料的特性，或使用艺术照明，如局部放置台灯或落地灯	—

续表

印象	照明形式	设计逻辑	技术补充	典型应用
隐私	非均匀照明	使用非均匀弱光照明	使用下射型柔光点光等，或昏暗的装饰照明，如壁灯、吊灯、台灯或落地灯	高档俱乐部
	暗淡的	可以强调边缘但不是必须	—	高档酒店
	边缘	—	—	居住空间、冥想空间等
放松	边缘	使用边缘、非均匀照明	照亮 1~2 个颜色较深的墙或者对象，或使用暗光照亮较亮的墙或者对象	临时区域
	昏暗的	昏暗的照明有效但不是必要的		会议室、餐厅
	非均匀	—	—	走廊、等候区
空间感	均匀	均匀照亮墙面	至少有两面墙需要被照亮。且考虑墙的反射率应高于 50%	交流空间
	周边	明亮的灯光有助于空间感，但不必要	—	集中空间
	明亮	—	—	—
视觉清晰度	明亮	提高顶棚和工作面的明亮程度	使用发光顶棚、上射型照明（顶棚反射率＞90%）和下射型照明相结合	工作区
	周边	均匀性有助于提高清晰度但并不必要	—	—
	均匀	—	—	—

不同照明区域的基础信息调查可依据表 2-2-6~ 表 2-2-8 进行。

不同区域视觉工作调查表　　表 2-2-6

空间	细部	任务说明	应用说明	注	采光	照明	重要性	使用者年龄	使用时长
工作区	交流空间								
	地面	工作 / 走路?	暗 / 亮?	水平照度					
	人脸	非正式讨论?	长 / 短会面?	垂直照度					
	工作区								

续表

空间	细部	任务说明	应用说明	注	采光	照明	重要性	使用者年龄	使用时长
工作区	桌面	纸、电脑、其他？	完成？						
	传递	纸、电脑、其他？	完成？						
	尺寸	整个区域还是视觉区域？	视觉区域与电脑的位置相关						
	人脸	非正式讨论？	长 / 短会面？	垂直照度					
	档案区	—	—						
	档案	是否易读	窄走廊、高文件	垂直照度					
	查询	是否易读	短文还是标题	水平照度					
交流区	接待台	—	—						
	安全	面部识别	安全等级？	垂直照度					
	注册	注册的形式：分类、说明	正式的 / 非正式的？						
	交流	行为判断	人数？						
	工作台（站）	—	—						
	工作区	纸、电脑、其他？	完成？						
	传递	纸、电脑、其他？	完成？						
	服务	饮料？	区域范围？						
	等候区	—	—						
	就座	使用笔记本？多媒体观看？	长 / 短时						
	会面	讨论？物质交换？	站着 / 坐着？	垂直照度					
	印象	等候时间？	坐着身份						
人车混行区（地下车库）	布置	—	—						
	机理	交通量、交通岛、植被	周边区域活动水平						
	车型	高度与尺寸	工作时间						
	路线	—	—						
	出入口	高峰时段	道路交叉口	垂直照度					
	交界	人车交汇处	首次使用者和多次使用者						

续表

空间	细部	任务说明	应用说明	注	采光	照明	重要性	使用者年龄	使用时长
人行区	布置	—	—						
	路径	人行密度	周边区域活动水平						
	建筑入口	夜间进入	开放时间						

工作区域照明亮度比建议值　表 2-2-7

目标	对象	亮度比
保持注意力	纸质：显示器	3 ：1（白屏）或 1 ：3（黑屏）
	对象：背景表面（中等）	3 ：1
	对象：远处背景	10 ：1（背景）或 1 ：10（亮背景）
保持视觉舒适度	对象：天然光	1 ：40
	对象：灯具	1 ：40
	采光近处背景：采光对象	1 ：20
	照明近处背景：照明对象	1 ：20

工作区域照度比建议值　表 2-2-8

目标	对象	照度比
保持可见度	工作区照度平均值：最小值	1.5 ：1
保持专注度	工作区边缘照度平均值：最小值	2 ：1
	工作区照度平均值：工作区边缘照度平均值	1.5 ：1
	整个工作区照度最大值：最小值	5 ：1

2.2.5 LEED 中的照明评价（Lighting Evaluation in LEED）

在绿色建筑设计与评价中，照明设计在不同类型的建筑占 1~2 分的分值。需要达到的基本照明要求包括：

1）眩光控制

对于经常占用的空间，需满足以下要求之一：

使用立体角 45°~90° 内亮度低于 7000cd/m^2 的灯具或通过软件建模计算，使室内统一眩光等级（*UGR*）小于 19。

2）光源显色性

对于所有经常占用的空间，需使用显色指数（*CRI*）高于 90 的光源。

3）照明控制

应为 90% 以上的空间提供可调光或多级照明。

4）反射率

室内 90% 以上的经常使用空间顶棚反射率应大于或等于 80%，墙壁应大于或等于 55%，家具饰面工作表面的表面反射率应大于或等于 45%，活动表面的反射率应大于或等于 50%。

照明设计的不同过程中需要完成相关的 LEED 工作内容与提交文件，如表 2-2-9、表 2-2-10 所示。

工作照明设计不同阶段的 LEED 任务　　表 2-2-9

照明设计过程	LEED 相关任务
项目规划	通过绿色建筑认证文员会（GBCI@www.gbci.org）注册项目，并支付注册费用。 确定项目团队申请的 LEED 认证等级。 通过 LEED-Oline 在线程序完成 LEED 文档提交。 确定权限
程序规划	通过 LEED-Oline 在线程序完成 LEED 文档提交过程。确定相应 LEED 认证等级所需要的项目要求。 搜集采光信息、用户特征、活动内容、了解灯具、光源、控制器、玻璃、窗户和用于控制阳光产品的制造商。 确定照明产品是在本地生产，并且是采用可回收材料和快速可再生材料制成。 获取参照标准。 通过使用逐空间法或全建筑照明功率量来确定照明功率密度。 明确使用自然采光的区域，以及照明系统相关的建筑材料（墙面、顶棚系统等）。 明确可以再利用的灯具和照明系统，决定翻新的必要性。 明确低辐射油漆和涂料。 明确能够人工控制照明和温度的产品
原理设计	通过 LEED-Oline 在线程序完成 LEED 文档提交过程。 查看相应 LEED 认证等级所需要的项目要求。 从站姿到坐姿获取景观的最大采光值。 在设计得分点中探索创新思想
设计开发	通过 LEED-Oline 在线程序完成 LEED 文档提交过程。 制定采光与照明系统的初始方案。 各团队提交初步审查材料。 开发并实施调试方案，包括照明和采光的控制器

续表

照明设计过程	LEED 相关任务
合同文件	通过 LEED-Oline 在线程序完成 LEED 文档提交过程。 明确与照明、电器系统和控制器相关的施工文件。 明确调试要求，包括照明和采光控制器与施工文件之间的结合。 明确施工中期所需要回顾的设计内容
合同管理	通过 LEED-Oline 在线程序完成 LEED 文档提交过程。 检查承包商提供的有关已调试能源系统的文件，包括照明和采光控制器。 为照明系统和控制器安装计量装置。 确认已调试系统的安装与运行，包括照明和采光控制器。 为已调试系统创建手册，包括照明和采光控制器。 确认培训完成，并创建调试报告，包括照明和采光控制器。 在施工完成后，提交全部得分项以供审查
评价	通过 LEED-Oline 在线程序完成 LEED 文档提交过程。 在投入使用的 8~10 个月内，检查已调试系统，包括照明和采光控制器

（来源：苏珊·M. 温齐谱 . 照明设计手册，2020）

优质照明相关的 LEED 认证评分统计表　　表 2-2-10

LEED 评分点	得分要求	策略
整合过程	对系统相互关系进行早期分析，提高性能与经济效益	最优化采光、控制阳光直射： • 控制和改善光源方向； • 平衡光源的能效、色温、显色指数之间关系； • 有效控制光照范围，实现能耗最小化，最优化； • 选择合适的采光与照明相关材料； • 尽可能使用可回收灯具
能源与大气基本调试与校验	项目的设计、施工和运营满足业主对能源、水、室内环境质量、耐久性的要求，并进一步提高	
低能源性能	实现建筑及各系统的最低能耗能级，减少因过度使用能源而带来的环境和经济危害	
能源效率优化	实现比先决条件更高的节能等级，减少能源货量使用	
材料与资源的营建和拆建建筑废弃物的管理	回收、再利用材料，减少在填埋场和焚化设施处理过程中产生的废弃物	• 室内空间感知亮度最大化； • 高效率的控制系统； • 照明检测系统； • 光环境检测
减少对建筑室内全寿命周期影响	鼓励适应性再利用，优化产品和材料在环境方面的性能	
建筑产品分析与优化——产品环境、原材料来源、材料成分	鼓励使用提供全寿命周期信息和在全寿命周期内对环境、经济、社会具有正面影响的产品和材料。奖励选购、采用、生产过程能够改善全寿命周期环境影响的产品项目团队	

续表

LEED 评分点	得分要求	策略
低溢散材料涂料	减少影响空气质量、人体健康、生产效率和环境的化学污染物浓度	• 室内空间感知亮度最大化； • 高效率的控制系统； • 照明检测系统； • 光环境检测
舒适温度	提供舒适的温度，从而改善生产效率，实现健康舒适的环境	
室内照明	提供高质量照明，从而改善生产效率，实现健康舒适的环境	
自然光	将住户与室外相连，加强昼夜节律，通过引入自然光来减少空间内的照明用电	
优质视野	通过提供优质视野，让住户与室外自然环境相关联	
创新性	鼓励项目实现优质性能与创新性	

（来源：苏珊·M. 温齐谱 . 照明设计手册，2020）

2.3　城市照明规划（Urban Lighting Planning）

在我国，城市照明规划是近二十年才快速发展起来的行业。从原有的城市基本功能照明规划不断深入，到目前为止，城市照明规划已经扩展出了景观照明规划、区域照明规划、重点区域照明规划、建筑照明规范、“夜态”经济分析与规划等。为城市夜间活动，安全性保障、经济发展，以及城市特征、历史保护、环境保护等方面做出了重要贡献。

现有城市照明规划已从无序逐渐向有序发展。我国很多大中小城市都重视城市照明规划，且不断地实践。在这一过程中不仅表现出了“对症下药”的差异性特征，同时也表现出一些非常重要的可循规律。这也是城市照明规划设计的核心，需要重点考察和发展。

2.3.1　城市照明规划策略制定基础（Basis of Urban Lighting Planning Strategy）

城市照明规划策略是制定城市规划的基础和依据，是一个科学有效的城市照明规划的重要前提[①]。总结以往的优秀城市照明规划案例，发现：一个好的城市照明规划策略应当包括以下内容：

① Geissmar-Brandi C . Light for Cities : Lighting Design for Urban Spaces. A Handbook[M]. Birkhäuser，2007.

1）思考如何向城市使用者展现自己

城市照明规划的主要对象是夜间的城市，主要的目标是解决城市夜间的视看问题。如果将城市的视看时间分为白天和晚上，那么，在50%的夜间视看时间中可以为城市塑造更多的形象。这一形象可以是繁华的夜间商业景观，也可以是优美的自然景观，还可以是具有深厚文化底蕴的历史景观。而具有选择性的展示城市夜间景观，更易突出城市的特征，而这一功能是白天城市形象所无法实现的。

2）确定城市主要通道，并定义主要路线上的节点，使城市呈现出清晰的结构与体量

城市照明的一个重要作用，是要解决城市夜间的安全问题。通过照亮主要城市通道，可以高效地为绝大部分使用者提供明亮的夜间环境，从而提高城市的安全性。同时，主次清晰的照明结构，可以让人在夜间有更好的秩序感和安全感，也可以有效地突出城市的重点以及城市建设的秩序性。

3）考虑城市主要天际线，明确构成“天际线”的建筑特征

城市天际线可以有效地勾勒出城市的空间感，增加城市的空间层次。在夜间，照亮城市的主要天际线，不仅可以为夜空飞行提供安全空间提示，还可以有效塑造城市的重点景观，打造立体城市夜间景象。

4）总结城市主要地形特征，如水系、丘陵、山谷等

城市地形特征不仅影响了城市建设，也是城市形象塑造的重要因素。在城市夜景照明中这些要素依旧是考虑的重点。为避免千城一面的夜间景观问题，针对城市主要地形特征进行夜间照明设计，可以有效地塑造城市夜间形象，打造夜间经济。

5）掌握城市的远景设计，以及远期、中期、近期规划布局

城市建设与照明领域和设计的发展是一个不断变化的过程。对城市进行照明设计也需要因地制宜，因时而异。为了避免大拆大建以及城市照明设计过程中的过度浪费，需要结合城市规划的远期、中期和近期目标，相应地进行城市照明设计的远期、中期和近期规划。

6）关注城市历史区域与建筑，以及建筑性质

城市的主要载体是建筑，在这些主要载体中，非常重要的一部分是历史区域和历史建筑。这些对象不仅给我们留下了宝贵的经验，同时也是一个城市和城市人民在历史长河中的定位印记。因此，在城市照明中

需要重点考虑城市内部历史区域以及建筑的特征，并在夜间以最好的方式展现给观察者。

7）了解城市居民、游客等使用者的夜间使用模式

不同国家城市和居民旅游者都有不同的城市夜间使用模式。出行的时间、目的、活动的内容不同会导致出行的视看需求有显著差异。如有些城市施行严格的宵禁制度，此时夜间的活动被限制，因此，在景观和娱乐性照明方面的需求就比较低。此时相应的城市景观照明可以弱化。与此相对，有些城市夜间非常活跃，如在很多炎热地区，很多居民都乐于夜间工作和休闲娱乐，因此，这类城市则需要在满足基本城市功能照明的基础上丰富景观照明的内容。

8）分析现有照明现状问题与特征

城市建设是一个不断变化和发展的过程，相应的城市照明设计，虽然能够在一定阶段内满足需求，但是在一个不断地变化过程中，问题会不断地累积和出现。因此，城市照明现状中或多或少会存在一定的问题。而新建的城市照明设计，在响应这些问题并得到改善的过程中，也是提升城市照明自身品质的过程。新建的城市照明环境往往需要在之前优质或是低劣的基础之上进行，这是城市新的照明环境的固有基础，并直接影响后者。因此，分析城市照明现状在城市照明规划中不可忽视的。

在进行城市照明规划设计时，可依据上述策略的基础信息，制定可用于15~20年，甚至30年的城市照明系统。

2.3.2 城市照明规划的目标（Objectives of Urban Lighting Planning）

城市是一个庞大而复杂的系统，对这样的一个系统进行照明，应当避免面面俱到。因此，城市照明规划需要有统一的目标，从城市的不同角度提出，以适应不同的参考对象。

1）满足城市功能性照明和景观照明的基本要求

满足城市功能性照明的基本要求，是城市照明规划的第一个目标，也是最重要的一个目标，因为城市功能性照明直接关系到城市居民的夜间生活。

城市景观性照明是城市夜间空间感受的另一个重要影响因素，是丰富城市夜间活动环境提升居民幸福感的另一个重要手段。因此，城市照

明规划的第一个主要目标就是同时满足这两类照明的基本需求。

2）城市不同区域间的照明效果应在允许差别的范围内确保夜间的整体感受一致

建筑与城市光环境作为一种视觉景象需要满足形式美的基本原则。形式美原则中最主要的内容就是对立与统一。在一个城市环境中不同区域之间存在不同程度的差异，这是建筑光环境设计需要考虑的基本问题，也是设计的重要依据。但是一个城市又是不同区域的总和与拓展。一个城市环境又可以作为唯一的对象进行光环境设计，这就要求城市的光环境既要满足区域间的小差异性，又要兼顾城市整体的一致性，从而打造具有鲜明特征的城市夜间景象。

3）加强城市、区域、广场、建筑等“入口”，创造夜间的“到达”感和归属感

凯文·林奇在《城市意向》中提到，构成城市的五个重要因素包括：目标、路径、界面、节点和区域。在这五个要素中，目标至关重要。

城市的使用者在城市中通过不断地搭建一个目标与另一个目标之间的关系来构建城市的整体空间印象，这也是城市使用者变换自己在城市中位置的重要依据。

在城市中很多对象都可以作为目标。目标可以是一个建筑，也可以是一个构筑物，甚至可以是一个商业门店、一个邮筒。但是，从城市大尺度来看，城市中的不同区域、重点建筑以及广场就是城市尺度中的重要目标。而区域内建筑的入口，又可以成为一个区域尺度的目标。在夜间完全没有照明的环境下，如果没有这些目标照明作为指引，使用者会因为无法判断自己的所处位置而很难到达相应的区域。而在全黑的过程中前进，不安全感会显著增加。因此，如果不能将城市区域全部照亮，那么则需要重点选择目标对象进行照明，从而提升使用者的到达感和归属感。

4）重点突出城市历史区域与建筑特征，展示“历史”的最佳效果

城市中的历史街区与历史建筑是城市的重要印记和特征。在白天新旧建筑夹杂在一起，同时呈现在使用者面前，需要仔细区分才能够辨别历史街区与建筑的特征。而在夜间黑暗的掩盖下，不需要被识别的新建筑可以被忽略。需要重点观察和理解的历史街区与建筑可以通过人工重点照明的方式独立呈现在使用者眼中。历史区域与建筑的重点照明又可

以进一步对区域和建筑取其精华去其糟粕，从视觉审美和使用的角度重新塑造区域与建筑的特征。

5）满足城市不同使用者（行人、司机、工人、游客等）的需求，并通过确定视觉需求的优先级平衡需求之间的冲突

在夜间，城市有不同类型的光环境使用者，比如司机、旅游者、工人或居民。他们每个人的行为模式和活动内容、区域都不尽相同。因此，对光环境的需求也有较大差异。简单、明了、单一的光环境更有利于快速运动的司机识别对象和安全驾驶。但是，这种光环境对于城市的旅游者来说，完全不具有吸引力。城市夜间工作的工人，需要高亮度的照明环境来维持正常的工作；然而夜间需要休息的居民则需要低亮度甚至无照明的环境。因此，当这些使用者的使用空间相同时，就需要平衡不同使用者对光环境的需求。城市照明设计需要考虑城市安全、居民健康环境保护等多方面需求，并平衡其重要性与危害性，从而确定不同城市使用者的光环境需求优先级别，并在最终设计中有侧重地兼顾多方面需求。

6）尽量减少光污染、光侵害和视觉的不舒适

城市是一个复杂的系统，这一系统中不仅包含了人和建筑，还包括一个更加复杂缜密的小区域生态系统。随着人们对城市照明环境的深入研究和认识，城市照明带来的光污染问题已经被广泛认知。因此，在城市照明设计中不仅要考虑城市照明带来的正面优势，还需要充分考虑城市照明所产生的诸多负面问题。这些问题包括能源的浪费、对生态系统的影响、对天文观测的影响以及对人类健康的威胁等。

7）创造一个安全、行人友好型的城市夜间环境

城市夜间使用者观察城市的主要行为特征包括步行、骑行、车行等方式。相比于机动车辆，城市行人属于弱势群体。而在夜间，城市行人由于对象体积小、缺少机械装置的保护、前进速度较慢，极易受到不安全因素的影响，比如快速前进的车辆等。因此，在城市夜间光环境规划设计过程中需要从安全的角度着重考虑行人的需求，创造一个安全性的行人友好型城市夜间光环境。

8）发展和刺激城市夜间经济，塑造城市形象，提升城市竞争力

通过城市照明规划设计的实施提升城市夜间光环境品质，可以极大地吸引夜间出行人流。而夜间人员活动的时间越长、活动范围越广、活

动内容越多，越容易创造商业机会。吃穿住行娱乐等消费可以有效激发城市活力。将消费的时间从白天向夜间扩展，是提升城市消费水平的一个重要途径。在我国上海、广州、湖南、四川武汉等省市都有非常繁荣的夜态经济。法国里昂的灯光展也是全球闻名的拉动夜态经济的榜样。因此，在城市照明规划设计过程中需要考虑城市照明在拉动城市夜态经济中的作用。

2.3.3　城市照明规划主要解决内容（Main Solutions of Urban Lighting Planning）

在实现城市照明规划目标的过程中会遇到多个普遍且非常典型的问题。这些问题需要针对城市的特征进行具有针对性的解答，以有效地提升城市照明规划的水平。这些问题包括：

1）该照明系统应突出城市结构特征。

2）对影响城市“天际线”建筑进行照明设计。

3）确定城市道路照明的色温以及结合区域特征统筹协调色温变化。

4）设定特定照明区域，如历史区域等，并补充相关的景观照明，突出区域特征。

5）平衡城市不同区域间的照明，尤其是商业区之间的照明质量和亮度水平，确保有利于商业发展。

6）城市照明考虑投资控制下的视觉效果最大化。

2.3.4　城市照明规划评判（Urban Lighting Planning Evaluation）

任何作品都有一个评判的标准，这些标准可以是定量的，也可以是定性的，既可以是主观的，也可以是客观的。对于城市照明规划作品也有一个相应的评判标准。这个标准来自对以往城市照明作品案例的经验总结，包括以下几个方面：

1）易于管理且合理的计划地理范围；

2）一套可以实施的目标和建议，并有能够吸引公众想象力的“未来家园”的元素；

3）可以向公众宣传该计划的视觉效果和经济效益；

4）建立公私合作伙伴关系，方便管理和推广该计划；

5）充足的资金来源，特别是规划的早期实施阶段；

6）合理的早期实施计划，确保能够说服公众和媒体，得以巩固各种资金；

7）确保照明工程师与城市道路相关部门参与规划的制定。

能够确保城市照明规划成功的主要因素：

1）社会因素与环境因素；

2）规划的质量与适宜性；

3）规划的委托人的角色、责任与权力；

4）规划实施者的性质、能力与经验；

5）城市照明相关部门的参与度；

6）明确的规划范围以及规划对现状的反馈度；

7）商业和政府对规划的理解程度；

8）商业部门、私人建筑业主的相应能力与支持程度；

9）是否平衡了远期发展与现状问题；

10）规划实施经费。

2.4 室外照明设计（Outdoor Lighting Design）

室外照明设计与室内照明设计差异很大。白天室外主要的光源为太阳，而在夜晚人工光无法达到太阳光的强度，而且黑暗天空无法被照亮。在这种环境下室外照明的水平很难达到室内照明的水平，人的工作和情绪都会受到影响，因此室外照明对安全性与照明的功能性要求比较高。还有室外照明的光传播距离远超于室内照明，影响范围较大。因此，室外照明需要协调各类夜间使用者的需求特征，其中也包括自然环境对夜间光环境的要求和限制。

室外照明的设计问题很复杂。所有室外光环境设计几乎都要考虑一些技术因素，包括眩光、可见度、颜色、照度、亮度和视亮度[①]。

2.4.1 区域照明（Area Lighting）

城市公共区域照明的对象很多：人行道、公园、小径自行车道、商

① Nielsen O . Guide to Lighting of Urban Areas[M]. CIE 136，1986.

业街、建筑、雕塑、景观灯。在对这些对象进行照明时应选择能够代表区域特色的且有需求的区域进行重点照明设计，以突出其重要性。照明设计应确定区域节点，通过建筑物等的照明设计为人提供视觉方向。照明设计中应提高区域特色并加强照明设计的一致性和协调性。

区域照明设计可分为6个过程：

1）确定区域照明设计目标。包括：美学目标、区域认同目标、安全目标、环境保护目标、照明设施质量与水平目标以及可持续性目标。

2）确定区域照明设计主题。该主题应该与区域的建筑相关，可以是历史的、现代的、活跃的或者内敛的。

3）确定区域的亮度、能见度等技术指标。

4）对照明环境品质的提升设计。提高区域照明环境的舒适度和美感。

5）提供照明设计指南。

6）对相关人员进行宣传、指导和教育。

每个过程应当关注以下几点：

照明环境的安全性。舒适明确的外部环境、清晰可识别的区域会给人较好的安全感。同时，这种区域也可以给人提供足够的响应时间来躲避危险。

良好的外部照明应当是层次分明的，哪里需要照亮、哪里需要隐藏、哪里是照明的重点，应当明确。

通常人行道、树木、道路交叉口或高度变化处可提供参考点；桥梁、雕塑或植物等又可以限定空间。对于人行车行的交汇处或人车共用道路应当是照明的重点，特别要注意垂直照明在对象识别中起到的作用。

光污染控制。由于室外照明传播的范围较大，相比于室内更容易形成光污染。因此，应当认真检查照明的相邻区域，识别出潜在的眩光干扰，并通过控制灯具、选择截光型灯具、控制光源的位置和安装方式等减小光污染影响。

光源的选择。在满足照明标准的前提下，主要考虑光源的寿命、运行维护的费用与便利性、光源可持续性，以及必要区域的显色性。

灯具类型。室外区域照明灯具基本可分为四类：杆灯、壁灯、柱形灯和泛光灯。

杆灯多用于道路或停车区域照明。由于这类灯具有较宽的光强分布，因此，可以远距离布置并能够提供较好的照度均匀度。灯杆高度较高，需要光源有更高的亮度，因此，这些灯更容易产生眩光，需要引起注意。

壁灯通常安装在小范围区域，常采用非对称布置方式，受区域边界围护界面反射的作用，这些灯能够在低照度的情况下，提供小范围较好的照明效果。

人行道或地面照明常采用柱形灯（草坪灯），此类型灯具更适合小范围的局部照明。该类灯具与建筑搭配较好，但需注意此类灯具无法对较高的垂直表面进行照明。

泛光灯照明在室外区域中的建筑、活动场地等照明中经常使用。泛光灯照明的光强分布范围广泛，可以根据具体的照明对象调整合适的角度和所需的效果。同样，泛光灯的使用也需要考虑眩光的遮蔽和防止光侵害与光污染。

2.4.2 建筑照明（Architectural Lighting）

建筑照明的方式主要有泛光照明、轮廓照明、内透光照明等。具体照明形式的选择没有强制要求，只需考虑照明功能与建筑特征的结合。

泛光照明技术少且简单。使用时设计师既可以平铺直叙，也可以重点打造。当泛光灯直接对准曲面时，这种效果有点像阴暗的强光。相比之下，泛光灯光束照射平表面时任何表面的不规则都会以长而清晰的阴影方式显现。光源较近时光影清晰而强烈，光源较远时光影柔和。这些柔和、衰减的光影可以给人留下深刻印象。

向上和侧向灯光有利于打造建筑的形体。但是过近的光源容易暴露建筑的立面材质等细节，因此在夜间的建筑照明中这往往是不需要的。同时，很多材质的高反射特性并不利于建筑照明效果的表达。

2.4.3 植被照明（Vegetation Lighting）

对植被进行照明设计应该从现场调查开始。仔细考虑景观元素，包括软景观（树木、灌木、花卉和其他植物材料），硬景观（岩石、悬崖、人行道、楼梯、广场、长凳、花盆等）和水景。在任何情况下，设计师必须考虑到周围环境，以便各个元素的融合。进行植被照明设计时应关注：空间的预期用途和观众的性质、白天的重要区域与重要的夜间区域、确定主要和次要焦点、被照亮的植物材料的特性。植物特性包括：

1）整体形状、高度、宽度、成熟度和类型；

2）叶片特征（形状、颜色、反射率、纹理、半透明性和密度）；

3）分枝模式（开放、封闭、密集、直立或分立）；

4）树干和树皮状况（条纹、多刺、剥落、开裂、多色或剥落）；

5）根部深度、分布；

6）增长速度（多快、多少）；

7）常绿或落叶；

8）地点的季节变化。

基本的树木照明方法包括：

前照，可以显示或创建形状，突出细节和颜色。灯具与对象的距离可以调整纹理的强调。

背光照明只显示形式。这种方式可以通过将植物与背景分离开来，增加背景深度，并通过消除颜色和细节来创造出戏剧性的效果。

侧面照明强调植物纹理，可创建一个用于将区域连接在一起的阴影，并可以将树木与周边景观紧密相连。

上射照明有利于突出树干的形态，但是容易导致树冠看起来与地面不自然地分离。

2.4.4　水体照明（Water Lighting）

喷泉：需要确定喷泉的哪些部分需要被照亮，是水还是结构（图 2-4-1）。需要根据喷泉的形态确定照明的类型，如果喷泉及其结构是有颜色的，那么照明的颜色不应该影响其本身的色彩。

瀑布：要照亮瀑布，需要确定瀑布落下的边缘（堰）类型。如果堰很粗糙，水会被搅动并伴随着气体，产生气泡。当水撞击到表面时，直接放置在瀑布流下方的灯具，光线会沿着瀑布向上传播，与气泡发生反应，并发出光，水会呈现出光照的颜色。如果堰是光滑的，水会变成薄片。这种类型的瀑布应该从前面用灯照射。光源应该被放在足够远的地方，以覆盖瀑布的整个高度。

溪流和池塘：溪流和池塘最好在外部周边进行照明。

图 2-4-1 喷泉照明

海滨 / 海滩：海洋中唯一能被照亮的部分是海浪上的泡沫。投向大海的大部分光会被吸收。同时，海滨照明可能会造成较大的光污染。因此，海滨照明应该仅限于特别活动偶尔使用，且照明时间的控制非常必要。

2.4.5 小品照明（Sketch Lighting）

一个三维雕塑必须从多个方向照明，才能够显示出它的形状或纹理。雕塑的高光和阴影可以通过使用不同角度的不同灯具或光束。如一座青铜雕塑根据光源的不同，铜绿可能呈现淡蓝色、绿色或灰色。高光也能提供有关表面特征的良好视觉线索，但它们不应该让人眼花缭乱，或让人感到困惑，或引起不舒服的眩光。

2.5 城市道路照明设计方法（Urban Road Lighting Design Method）

2.5.1 道路照明设计流程（Road Lighting Design Process）

道路照度首先要依据标准或规范确定道路的照度标准，考虑区域、使用者、活动量以及光源等多种因素。根据上述因素对标准中的照度值进行调整，过程如表 2-5-1 所示。

道路照明设计流程表　　表 2-5-1

步骤	过程	示例
1	建立照度标准： 水平照度和垂直照度	校园内人行道路
1.1	确定室外照明区域： 确定不同区域的照明等级	某区域
1.2	确定室外照明区域的活动等级： 如低密度低活动等级区域照度可适当降低	低活动等级
1.3	确定观察者年龄： 年轻的观察者需要的照度比老年人低	视觉年龄＜ 25 岁
1.4	根据前三条确定最终的照度标准	水平照度 2lx 垂直照度 1lx
2	确定周围反射面情况 ρ（反射状态会影响整体明亮感受）： 路面反射率、周围墙面植被等、顶部要素（天空）	路面 10% 墙面植被等 5% 构架为 0
3	确定环境感官亮度（Photopic Luminance）$L_{视}$ 1）地面视亮度 $L_{地,视}=(E_h\times\rho_{地})\div\pi$ 2）天空视亮度 $L_{天,视}=(E_h\times\rho_{天})\div\pi$ 3）垂直界面环境视亮度 $L_{直,视}=(E_h\times\rho_{直})\div\pi$ 4）则环境亮度 $L_{周}$等于地面视亮度与天空视亮度、垂直界面熟练度的平均贡献度。 $L_{周}=\{(2\times L_{地,视})+(2\times L_{地,视})+(2\times L_{直,视})\}\div 5$	1）0.064cd/m² 2）0.000cd/m² 3）0.016cd/m² 4）0.029cd/m²
4	确定水平： 确认环境亮度使观察者处于暗适应状态（≤ 3 cd/m²）	—
5	暗适应调整：（受光谱光视效率影响） 确定乘数以调整中间视觉适应的建议明视照度目标值	—
	2000K *HPS* 照度标准乘数	1.30
	3000K *CHM* 照度标准乘数	0.84
	4000K *CHM* 照度标准乘数	0.71
6	推荐的照度标准： 依据光源的不同调整第 1~4 步中的照度值	—
	2000K *HPS* × 1.30	$E_{h,晴}$=2.6lx$E_{v,晴}$=1.3lx
	3000K *CHM* × 0.84	$E_{h,晴}$=1.7lx$E_{v,晴}$=0.8lx
	4000K *CHM* × 0.71	$E_{h,晴}$=1.4lx$E_{v,晴}$=0.7lx

除了考虑前面基本照度标准的选取和计算外，还需要考虑系统中的其他因素，如表 2-5-2 所示。

道路照明设计影响因素统计表 表 2-5-2

指标	组成	贡献	相关	重要性
灵活性	物理性	模块化	集成板	完整性、审美需求、安装便利
			分段	拆解方便
		尺寸	体积与重量	安装便利
		电气链接	即插即用	安装便利、规范性
	功能性	独立控制	灯－灯控制	重新定义控制区
		可调光性	调光	重新控制的可行性
控制性	日光响应	遮挡	眩光	舒适度
			强度控制	节能
			灯光管制	减少污染等
		照明	强度控制	开/光、线性控制、等级控制
	时间响应	使用率	基础照明	节能、使用寿命、规范性
		阻碍	调节需求	节能
			可用照明控制	节能、减少光污染、延长寿命、规范性
	使用响应	实际使用	需求为准	节能、延长寿命、规范性
声学	建筑细节	屋顶、洞口、穹顶等	材料	大多数建筑会对灯具产生的声音产应影响，吸收或反射
	静压箱	隔声	热影响	灯具周围的包裹物
	灯具表面	尺寸	外壳、反光罩、百叶	反声
	镇流器、变压器	升级	电声	声音额定值 *A*
热、电	负荷	灯功率	热负荷、冷负荷	灯具尺寸、能源使用
	安装	风格与尺寸	围栏	灯的尺寸、形式
		对称性	围栏、管道等影响	与灯的距离
	环境温度	灯周围	最佳工作温度	减少输出
		镇流器温度	最佳工作温度	过早失效
	气流	灯的热交换	灯具自身控制	灯具限制和照明技术限制
安装	先后顺序	期限	交货时间	制定时间表
	集成	物理的	定位与附件	与顶部、侧面的关系、灯具布局、效果
	现场效果	观察目标	调整	照明效果
	任务清单			照度、亮度
可持续性	能源	控制	减少电能使用	天文时钟、光感受器、占用传感器、预设功能
	效率	空间表面	最大反射率	顶棚≥ 90%、墙面≥ 90%、地面≥ 90%

续表

指标	组成	贡献	相关	重要性
可持续性	效率	镇流器、光源、灯具、安装	最高效率	高 PLW 系统
	产品能耗	生产	减少高能耗产品	全生命周期节碳
		运输	最小体积和质量	全生命周期节碳
维修	清洁	周期	光源与空间	高效率维修
	更换	周期	光源、灯罩、灯具	高效率维修

2.5.2 调研道路条件与确定照明等级（Investigate Road Conditions and Determine Lighting Level）

道路照明基础信息调研。获取该道路的必要信息，明确道路条件、道路周边信息、交通现状。道路条件时首先获取资料，依据业主提供的要求，明确道路断面形式、路面及隔离带宽度、道路表面材料及反射系数、曲线路段曲率半径、道路出入口、平面交叉和立体交叉的布置等道路条件。依据城市上位规划和修建性详细规划，考虑道路周边环境，包括建筑物、绿地、广场、绿化带以及道路周围环境。当然，城市交通现状是必须要考虑的内容，还应考虑不同城市区域的功能要求、不同路段的车流量、行人流量、交通事故发生率、该区域的交通治安等情况[①]。

依据道路条件、《城市道路工程设计规范》CJJ 37—2012、《城市道路照明设计标准》CJJ 45—2015 确定道路设计等级。我国城市道路主要分为快速道、主干道、次干道、支路以及居住区道路，根据道路等级和道路照明设计标准确定道路照明设计[②]。CIE 对不同道路提出了不同照明等级要求，如表 2-5-3 所示。

CIE 不同类型道路照明等级　　表 2-5-3

道路特性	照明级别
带有分隔带车道，无平面交叉和出入口完全控制的高速行驶公路的机动车道、快车道	M1，M2，M3
高速公路、复式车道	M1，M2
重要的城市交通道路、辐射式道路、区间分布道路	M2，M3

① 郝洛西 . 城市照明设计 [M]. 沈阳：辽宁科学技术出版社，2005：72.
② 城市道路设计步骤。

续表

道路特性	照明级别
连接不太重要的道路、近郊的分布道路、住宅区主要道路、提供直接到达的房屋并通向连接公路的道路	M4，M5

2.5.3 确定布灯方式和灯具类型（Determine the Lighting Method and Lamp Type）

道路布灯的方式分为以下五种：

1）单侧布置

灯具布置于道路一侧。安装灯具一侧的路面亮度通常比远离安装灯具一侧的路面亮度高。因此，单侧布置方式适合安装在灯杆高度大于或等于道路有效宽度的位置。

2）交错布置

灯具在道路两侧“之”字形交替布置。灯具的安装高度至少应为有效路面宽度的2/3，这种方法使总均匀度满足要求，但是有时会给驾驶员造成视觉混乱。

3）对称布置

灯具成对设置在道路两侧。灯具的安装高度小于有效路面宽度的2/3。

4）中心对称布置

灯具安装在中间分隔带上，并且对称布置。灯具安装高度应大于或等于单向道路有效宽度。

5）横向悬索式布置

灯具悬挂在横跨道路上空钢索上，双侧对称布置或单侧中心悬索布置。这种方式通常适用于建筑组群的内部道路，前提是该道路狭窄且无法在路侧埋设照明灯杆；也可以用于有树木遮挡的地方。

道路照明应选择专业的灯具，道路照明的灯具配光与其他照明灯具的配光不同。为了路面照度均匀，避免能源浪费和不必要的眩光，应使用能效高的灯具。

在灯具安装时需要考虑它的安装高度、间距、悬挑长度和仰角。

灯具的安装高度、灯杆高度主要与路面有效宽度、灯具布置的方式、灯具配光、光源功率有关，同时考虑控制系统、维护条件、经济成本等因素。

灯具的间距与路面灯具布置方式、灯具配光、灯杆高度、设计纵向均匀度有关系如表 2–5–4 所示，设计期间必须考虑路面亮度变化、纵向均匀度、驾驶员的视觉反应和舒适度。

灯具的悬挑长度应考虑路面有效宽度和灯具安装高度。同时，考虑路缘和人行道的照明。悬挑过长会大大降低路面的可见度。设计过程中，统筹考虑悬挑长度的结构、造价和美观。CIE 建议悬挑长度不应超过高度的 1/4。

灯具配光类型、布灯方式、安装高度和距离的关系　表 2–5–4

布灯方式	配光种类					
	截光性		半截光性		非截光性	
	安装高度 H	间距 S	安装高度 H	间距 S	安装高度 H	间距 S
单侧布置	$H \geqslant W_{eft}$	$S \leqslant 3H$	$H \geqslant 1.2W_{eft}$	$S \leqslant 3.5H$	$H \geqslant 1.4W_{eft}$	$S \leqslant 4H$
双侧布置	$H \geqslant 0.7W_{eft}$	$S \leqslant 3H$	$H \geqslant 0.8W_{eft}$	$S \leqslant 3.5H$	$H \geqslant 0.9W_{eft}$	$S \leqslant 4H$
对称布置	$H \geqslant 0.5W_{eft}$	$S \leqslant 3H$	$H \geqslant 0.6W_{eft}$	$S \leqslant 3.5H$	$H \geqslant 0.7W_{eft}$	$S \leqslant 4H$

道路照明光源有低压钠灯、高压钠灯、高压汞灯、金属氯化物灯、LED 灯①。光源的光色、显色性、光效的要求和道路的特性影响到光源选择②。

2.5.4 道路照明参数计算（Calculation of Road Lighting Parameters）

依据 CIE 或国家现行相关标准，计算道路照度以及其他指标见表 2–5–5。

CIE 不同类型道路照明推荐值　表 2–5–5

	平均亮度	整体均匀度	径向均匀度	阈值增量	环境系数
照明等级	L_{ave}	U_0	U_L	TI	SR
M1	2.0	0.4	0.7	10	0.5
M2	1.5	0.4	0.7	10	0.5

① Luminaire Classification System for Outdoor Luminaires IESNA TM–15–2011[S].US–IESNA，2011.
② 中国建筑科学研究院，等 . 城市道路照明设计标准 CJJ 45—2015[S]. 北京：中国建筑工业出版社，2015.

续表

	平均亮度	整体均匀度	径向均匀度	阈值增量	环境系数
照明等级	L_{ave}	U_0	U_L	TI	SR
M3	1.0	0.4	0.5	10	0.5
M4	0.75	0.4	—	15	—
M5	0.5	0.4	—	15	—

1）照度计算

路面上任一点水平照度计算如下式：

$$E_P=\frac{I_{\gamma c}}{h^2}\cos^2\gamma \quad (2.5\text{-}1)$$

路面上任一点垂直照度计算如下式：

$$E_{vert}=\frac{I_{\gamma c}}{h^2}\sin\gamma\cos^2\gamma\cos\beta \quad (2.5\text{-}2)$$

路面上任一点半柱面照度计算如下式：

$$E_{semin}=\frac{I_{\gamma c}}{\pi h^2}\sin\gamma\cos^2\gamma\,(1+\cos\beta) \quad (2.5\text{-}3)$$

路面上任一点半球面照度计算如下式：

$$E_{hemi}=\frac{I_{\gamma c}}{4h^2}\cos^2\gamma\,(1+\cos\gamma) \quad (2.5\text{-}4)$$

式中：E_P——路面上任一点水平照度（lx）；

E_{vert}——路面上任一点垂直照度（lx）；

E_{semin}——路面上任一点半柱面照度（lx）；

E_{hemi}——路面上任一点半球面照度（lx）；

$I_{\gamma c}$——灯具指向角和 c 角所确定的 P 点的光强（cd）；

γ——高度角；

c——方位角；

h——灯具的安装高度（m）。

计算道路平均照度时，道路计算平均照度须大于照度标准值。道路照明相关参数如图 2-5-1 所示。

2）光通量上射比（*ULR*）

为了限制导致天空辉光的上射光线，提出了上射光通比 *ULR* 限制值。该值是一个灯具的相关参数，表示灯具或照明设施中所有向水平线上方射出的光通量与灯具总光通量之比。

$$ULR=\frac{\varphi \text{lum } up}{\varphi \text{lum } tot} \quad (2.5\text{–}5)$$

该值仅考虑了灯具发出的向上的光通量的比例。

3）向上光通量比（*UFR*）

在实际的道路环境中，即使使用完全向下照射的灯具，即 *ULR*=0 时，受到周围环境和地面的反射影响，向下的灯光也会通过反射间接产生天空辉光，如图 2-5-2 所示。此时就需要使用另外一个参数 *UFR* 来衡量包括反射光在内的所有上射光与灯具总的光通量的比。假设包括反射光在内的所有上射光与输出的总光通量比值为 1，即 *UFR*=1，说明全部光通量向天空发射。可见该值越高，说明天空辉光也越严重。因此，可利用下列公式对灯具的上射光通量比进行计算：

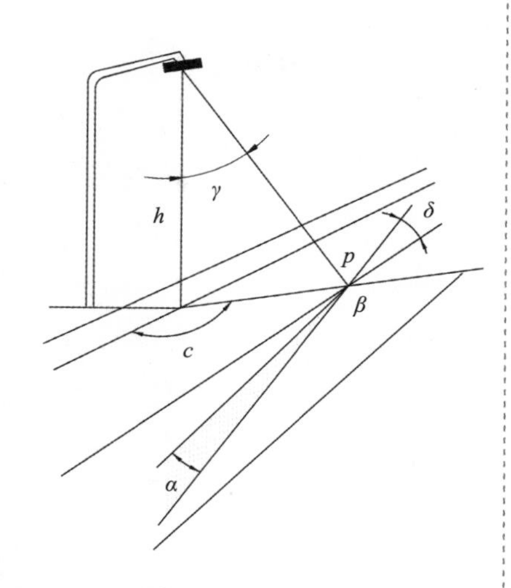

p—路面上的被观察点；
α—道路使用者的观察角度（由水平线算起）
β—光的入射平面与观察平面之间的夹角；
δ—观察平面与道路轴线之间的夹角

图 2-5-1 道路照明相关参数示意图

$$UFR=\frac{E_{平均初始}}{E_{平均维护}}[1+\frac{ULOR}{\rho_{area}\mu}+\frac{\rho_{surrounds}}{\rho_{area}}(\frac{DLOR-\mu}{\mu})] \quad (2.5\text{–}6)$$

式中：$E_{平均初始}$——设计区域的初始平均照度（lx）；

$E_{平均维护}$——设计区域的维护平均照度（lx）；

ULOR——安装位置上所有灯具的上射光通量与总光通量之比；

DLOR——安装位置上所有灯具的下射光通量与总光通量之比；

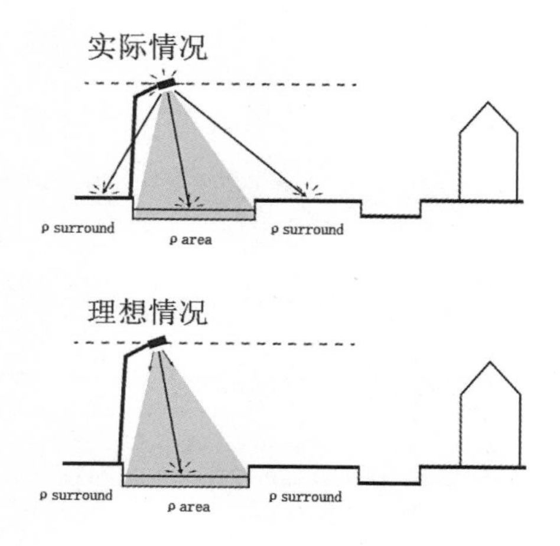

图 2-5-2 道路照明的向上反射情况示意图

ρ_{area}——设计区域表面反射系数；

$\rho_{surrounds}$——周边区域表面反射系数；

μ——设计区域照明设施的利用系数。

4）近水平面光强 I_{90-110}

由于水平面向上，仰角为 90°~110° 的光线的传播距离远大于仰角较高的光线。这些接近水平的光线射的根源，容易导致更广泛区域上的天空辉光。因此，CIE 建议限制该区域的光强度。如道路照明灯具限制中提出截光型灯具 90° 方向上最大光强的允许值为 10cd/1000lm；半截光型灯具为 50cd/1000lm。

5）光幕亮度

多余的道路照明会对周围的建筑、环境、居民、道路行驶安全造成污染。由于眼睛离眩光源过近，眩光光纤在眼球中发生散射，导致在眼睛中形成一个覆盖整个视野的明亮光幕。这个光幕具有亮度值，会降低视觉成像的对比度，我们称这个亮度为光幕亮度[①②]。CIE 针对城市中受干扰区域提出了一系列控制指标，包括：外墙垂直照度、居民可视方向光强度，外墙亮度、道路照明设施的光幕亮度。其中，失能眩光的大小可以通过计算光幕亮度来估计。其中：

$$L_{veil}=9.86\frac{E_{eye}}{\theta^2}\left[1+\left(\frac{A}{66.4}\right)^4\right] \quad (2.5\text{-}7)$$

式中：L_{veil}——光幕亮度（cd/m^2）；

E_{eye}——人眼上的照度（lx）；

θ——视线方向与眩光源入射的光线的夹角；

A——观察者年龄。

6）阈值增量 TI

光幕在人眼构成了眩光。为了看清楚道路上的对象，就需要变化对象或背景的亮度。这个通过调整亮度以弥补光幕眩光引起的视觉功能损失值可使用阈值增量 TI 表示，表示指在眩光条件下，为使障碍物再次可见所需要的额外前景与背景的反差值[③]。当路面亮度时，一个灯的阈值

① CIE Glare and Uniformity in Road Lighting Installations[M]. Bureau Central De La Cie，1976.

② W Pabjańczyk，Sikora R，Markiewicz P. Modelling and simulations of road lighting installations. 2014.

③ CIE Calculation and Measurement of Luminance and Illuminance in Road Lighting – Computer Program for Luminance，Illuminance and Glare，1976.

增量可按下式进行计算：

$$TI=\frac{k \cdot E_e}{L_{av}^{0.8} \cdot \theta^2} \tag{2.5-8}$$

式中：k——与年龄有关的常数，当观察者为 23 岁时，取值 650；

E_e——灯具在眼睛上的照度（lx）；

L_{av}——路面的初始亮度；

θ——视线方向与眩光源入射的光线的夹角。

在实际环境中，反差并不会上升，因此，阈值增量可以表示由于眩光导致的视觉功能的损失程度。当道路平均亮度范围在 0.05cd/m^2<L_{av}<0.05cd/m^2 时，观察者在平行于道路轴线反向向前看，视线在水平线下方 1° 时，其阈值增量可以由下式进行近似计算：

$$TI=\frac{L_{veil}}{L_{av}^{0.8}} \tag{2.5-9}$$

式中：L_{veil}——照明设施的光幕亮度；

$L_{av}^{0.8}$——道路平均亮度。

2.6　城市照明光污染控制方法（Control Method of Urban Lighting Light Pollution）

2.6.1　控制总则（General Principles of Control）

1997 年国际照明委员会报告指出，可以通过以下措施减少城市照明所产生的光污染[①]：

1）划分区域，分区原则定义了不同活动可能发生的地方；

2）宵禁，时间限制原则（“宵禁”），定义了不同活动可能发生的时间；

3）水平面上发出的光量，根据灯具设计，用灯具流明的比例表示。

这三个条件可以决定灯具的使用类型、时间、区域。

2.6.2　分区控制（Zoning Control）

光污染造成的影响在世界各地都不一样，这意味着限制措施需要因地制宜。通过分区控制限制光污染是将城市划分为多个区域作为限制污

① Guide to the Lighting of Urban Areas[J]. Color Research and Application，2000，25（5）：386-386.

染立法和管制的参考。CIE 提出了通用分区系统。各分区水平以天文台活动为标准，许多国家正在使用的分区制度参考了这种方法。各分区的特征及其分区等级详见表 2–6–1[①]。

光环境详细环境分区和描述　　表 2–6–1

区域描述	区域	子区域	子分区描述	可进行的天文活动
完全黑暗	E1	E1a	自然保护区	世界一流的天文台
		E1b	国家公园	具有（国际）国家地位的天文台
		E1c	自然景观保护区	学术级天文台，1m 级
低亮度区	E2	E2	低亮度地区：农村农业区，农村居民点	研究生级天文台，1m 级
中等亮度区	E3	E3a	郊区居民区	本科生水平，业余爱好者水平，50cm 级
		E3b	城市居民区	业余选手，30cm 级
高亮度区	E4	E4a	混合住宅、工业和商业用地的城市地区，夜间活动频繁	肉眼观察
		E4b	城市和大都市地区，混合娱乐和商业用地，夜间活动频繁	肉眼观察明亮物体

城市光污染对天文台选址影响较大。CIE（1997）中提出，天文台选址参考点的天空辉光由该区域照明决定，也由邻近区域的照明以及区域大小决定。选择天文观测站应考虑最小的天空辉光，天文选址点与周边区域边界之间的推荐最小值要求如表 2–6–2 所示。表中小城镇人口在 5 万以下的城市。大城市指人口在 10 万以上的城市。

小城镇区域边界与天文选址推荐的最小距离（km）[②]　表 2–6–2

选址区域等级 E1–E2		区域距离推荐值（km）		
		E2–E3	E3–E4	
E1	小城镇	5	25	100
	大城市	10	50	150
E2	小城镇	—	—	25
	大城市	—	10	50

① Light Pollution Handbook[M]. Springer，Dordrecht，1000：139.

② 杨公侠，杨旭东 . CIE 技术报告 136—2000 号出版物城区照明指南（续完）[J]. 光源与照明，2003（1）：4。

续表

选址区域等级 E1–E2		区域距离推荐值（km）		
		E2–E3	E3–E4	
E3	小城镇	—	—	5
	大城市	—	—	10
E4		无限制		

2.6.3 宵禁控制（Curfew Control）

宵禁是指在深夜至凌晨减少较少人员活动场所照明或关闭没有人活动场所的照明。宵禁政策将夜晚的时间分为“晚上”(日落 –23：00)和“夜晚”（23：00 – 日出）。在 CIE 的城市照明指南中，建议在宵禁后只使用与安全直接相关的照明，即功能照明。由于光环境受到国家、区域、气候情况的影响，因此时间限制较灵活 [①]。

通常宵禁时间设置如下：

晚间宵禁制度时间应从日落（或日落后的固定时间，例如 18 分钟或 30 分钟）至 23 时的时间段；

夜间宵禁制度时间应 23 时正至第二日日出（或日出前的固定时间，例如 5 分钟或 30 分钟）的时间段；

部分地区的特殊节日、休息日可将晚间休息时间延至 24 时。

CIE 为限制光污染对室外不同对象进行的限制，统计如表 2–6–3~表 2–12 所示。

CIE 光污染控制餐宿流程　　表 2–6–3

对象	ULR	UFR	I_{90-110}	E_V	I_P	L_f	L_{veil}
设计区域	√	√	√	×	×	×	×
受干扰区域	×	×	×	√	√	√	√
灯具安装位置	√	√	√	√	√	√	√
仅直射光	√		√	√	√	√	√
直射光 + 反射光	×	√	×	×	×	×	×
水平临界区域	×	×	√	×	×	×	×
设计所需照明水平	×	√	×	×	×	×	×

来源（[荷] 乌特·范波莫 . 道路照明——理论、技术与应用 [M]. 北京：机械工业出版社，2017）

① Pollard N . Guide on the Limitation of the Effects of Obtrusive Light from Outdoor Lighting Installations，2016.

限制天空辉光的上射光通比建议 表 2-6-4

区域	ULR	天文活动
E1	0	具有（国际）国家地位的天文台
E2	0~5	研究生及学术研究
E3	0~15	本科学习，业余观察
E4	0~25	随意的看天空

建筑立面限制的最大垂直照度 表 2-6-5

光技术参数	应用条件	环境分区			
		E1	E2	E3	E4
垂直照度（lx）	宵禁前	2	5	10	25
	宵禁后	0	1	2	5

灯具指定方向限制的最大发光强度 表 2-6-6

光技术参数	应用条件	环境分区			
		E1	E2	E3	E4
发光强度（cd）	宵禁前	2500	7500	10000	25000
	宵禁后	0	500	1000	2500

非道路照明设备限制的最大阈值增量 表 2-6-7

光技术参数	道路等级			
	没有路灯	M5	M4/M3	M2/M1
阈值增量	15%	15%	15%	15%
适应亮度（cd/m^2）	0，1	1	2	5

非道路区域限制的表面最大亮度值 表 2-6-8

光技术参数	环境分区			
	E1	E2	E3	E4
建筑表面亮度（cd/m^2）	0	5	10	25
亮度信号（cd/m^2）	50	400	800	1000

一般照明灯具推荐发光角度　表 2-6-9

等级	Imax	最大发光强度（1000lm/cd）与垂直向下的角度（度）				
		80	80~90	90	90~100	100~180
全截光型	＜ 50	0	0	0	0	0
截光型	＜ 60	30	10	10	0	0
半截光型	＜ 70	100	30	30	0	0

一般区域照明灯具安装要求　表 2-6-10

子分区	最大光通比			照明分配（道路和区域照明）
	宵禁前		宵禁后	
	城市	乡村		
E1a	没有照明	没有照明	没有照明	不使用灯光
E1b	+	1	0	全截光型
E1c	+	3	0	全截光型
E2	5	3	1	全截光型
E3a	5	3	2	截光型
E3b	10	5	5	截光型
E4a	15	+	10	半截光型
E4b	25	+	15	半截光型

非道路照明的阈值增量最大值　表 2-6-11

参数	道路分级			
	没有道路照明	M5	M4/M3	M2/M1
等效适应亮度（cd/m^2）	0.1	1	2	5
阈值增量	15%	15%	15%	15%

道路和区域照明的上射光通比的要求 ULR（%）　表 2-6-12

子分区	最大光通比		
	宵禁前		宵禁后
	城市	乡村	
E1a	没有照明	没有照明	没有照明
E1b	不相关	1	0

续表

子分区	最大光通比		
	宵禁前		宵禁后
	城市	乡村	
E1c	不相关	3	0
E2	5	3	1
E3a	5	3	2
E3b	10	5	5
E4a	15	*	10
E4b	25	*	10

注：

1.* 表示不相关；

2. 测量误差允许的 *ULR* 值为 0.1%。

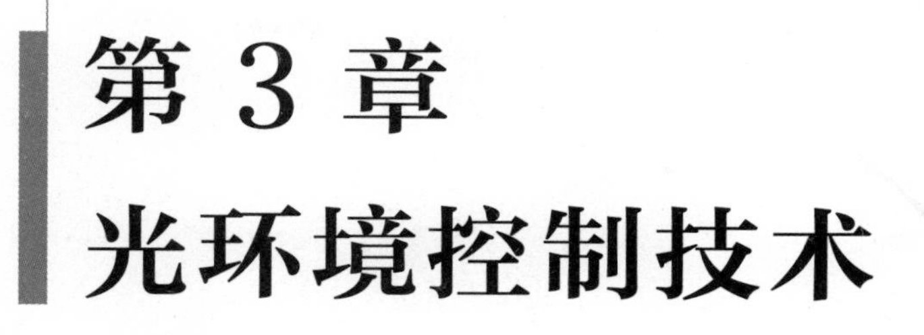

第 3 章 光环境控制技术

3.1 电光源（Light Source）

不同光源有不同特性[①②]，见表 3-1-1。

不同光源特性统计表 表 3-1-1

名称	光效（lm/W）	寿命（h）	色温（k）	色品	显色指数
白炽灯	4~17	2~20000	2400~3400	暖黄，暖白	100
卤钨灯	16~23	3000~6000	3200	暖黄，暖白	100
荧光灯	52~100（白）	8000~20000	2700~5000	不同颜色	15~85
金卤灯	50~115	6000~20000	3000~4500	冷白	65~93
高压钠灯	55~140	10000~40000	1800~2200	橘黄	0~70
低压钠灯	100~200	18000~20000	1800	黄	0
LED	10~110	50000~100000	2700~6000	不同颜色	70~85（白）

3.1.1 白炽灯（Incandescent Lamp）

通过电流加热发光体至白炽状态而发光的一种电光源，如图 3-1-1 所示。现代白炽灯的发光体均用金属钨制成，外部罩一个玻璃壳。为了防止金属钨受热氧化，将玻璃壳内部的空气抽出，形成真空环境。但随着使用时间的增长，钨微粒还是会在真空玻璃壳内积聚，形成一层灰黑色遮挡物，影响光的输出。为继续减少钨微粒的挥发，在灯壳中充满惰性气体（氖、氩、氪、氙），钨微粒与气体分子相互碰撞，显著地降低

图 3-1-1 A 现代白炽灯，B 使用一段时间的白炽灯，工作状态与非工作状态

① 周太明，周详，蔡伟新．光源原理与设计 [M]. 第 2 版．上海：复旦大学出版社，2006.
② （英）J.R. 柯顿（J.R.Coaton），（英）A.M. 马斯登（A.M.Marsden），光源与照明 [M]. 陈大华，等，译．上海：复旦大学出版社，2000.

了钨的蒸发速度，在寿命不缩短的条件下，可提高灯泡的发光效率，延长灯泡的寿命。

白炽灯的研发历史较长。1761 年，埃比尼泽·金纳斯利（Ebenezer Kinnersley）演示了如何将电线加热到白炽状态。1802 年，汉弗莱·戴维（Humphry Davy）通过一条铂条来产生白炽灯。虽然它不够明亮，持续时间也不够长，不足以实用，但它却是未来白炽灯的先例。在此之后的约 80 年间，许多实验者参照他的方法使用铂或铱金属丝、碳棒与真空或半真空外壳相互组合探索更加实用的白炽灯。1835 年，詹姆斯·鲍曼·林赛（James Bowman Lindsay）在一次公开会议上展示了一盏恒久不变的电灯，能够在“在一英尺半的距离阅读一本书”。1838 年，马塞林·乔伯德（Marcellin Jobard）发明了一种使用碳丝的真空白炽灯泡。1840 年，英国科学家沃伦·德拉鲁（Warren de la Rue）将一根盘绕的铂丝封装在真空管中,并通过它传递电流。由于铂的熔点高，所以在高温状态下仍可以正常工作。真空室可以避免过多的气体分子与铂发生反应，从而提高电使用寿命。虽然这一设计可行，但铂的成本太高，使其无法商业化。1841 年，英国的弗雷德里克·德莫莱恩斯使用了真空灯泡中的铂丝获得了白炽灯的第一项专利。1845 年，美国的约翰·W. 斯塔尔使用碳纤维灯丝的白炽灯泡获得了专利。1872 年，俄罗斯人亚历山大·洛迪金把两个截面缩小的碳棒放在一个玻璃容器中作为燃烧器，密封，充满氮气，进行电气布置，以便在第一个碳棒被消耗时，电流可以传递给第二个碳棒。1874 年 7 月 24 日，亨利·伍德沃德（Henry Woodward）和马修·埃文斯（Mathew Evans）获得了由充氮玻璃圆筒中的碳棒组成的灯具的专利。但是他们未能将灯具商业化,而是在 1879 年将其专利权(美国专利 0181613)出售给托马斯·爱迪生。1881 年 9 月，亚历山德罗·克鲁托制造出了可以持续亮 500 个小时的灯泡。

3.1.2 卤钨灯（Halogen Lamp）

1882 年，一种可以防止外壳变暗的充有氯气的碳丝灯获得专利。1892 年，这种灯上市销售。1933 年，充有碘蒸汽的灯获得了专利，并描述了钨在灯丝上循环再沉积的过程。1959 年，通用电气为一种碘钨灯申请了专利。

2009 年，欧盟开始逐步淘汰低效灯泡。2016 年 9 月 1 日，开始禁止生产和进口定向卤素灯泡。2018 年 9 月 1 日，禁止生产和进口非定向卤素灯泡。在 2021 年年底，澳大利亚禁止生产卤素灯泡。2021 年 6 月，英国停止出售卤素灯泡。

在普通白炽灯中，蒸发的钨主要沉积在灯泡的内表面，导致灯泡变黑，灯丝变得越来越弱，直到最终断裂。然而，卤素与蒸发的钨形成了可逆的化学反应循环。卤素循环使灯泡保持清洁，并使光在灯泡整个使用寿命中的输出几乎保持不变。在中等温度下，卤素与蒸发的钨发生反应，形成的卤化物在惰性气体中移动。然而，在某个时刻，它会到达灯泡内的灯丝处较高温度区域，然后在那里分解，将钨释放回灯丝上，并释放卤素以重复该过程。

然而为了使该反应成功，灯泡外壳的整体温度必须明显高于传统白炽灯中的温度：只有在玻璃外壳内部的温度高于 250°C 时，卤素蒸汽才能与钨结合，并将蒸发的钨返回到灯丝中，而不是沉淀在玻璃上。满功率运行的 300W 管状卤素灯泡很快达到约 540°C 的温度。而 500W 普通白炽灯泡仅在 180°C 下运行，75W 普通白炽灯泡仅在 130°C 下运行。

为使卤钨灯灯壳的温度达到 250~800℃，形成充分的卤钨再生循环，玻璃外壳须选用耐高温的石英玻璃、高硅氧玻璃或低碱硬质玻璃，灯的体积须缩小到同功率白炽灯的 0.5%~3%，如图 3–1–2 所示。

图 3–1–2 圆形紫外线滤光片后面的卤素灯

卤素灯必须在比普通白炽灯高得多的温度下运行才能正常工作。它们的小尺寸有助于将热量集中在更小的外壳表面，比无卤白炽灯更靠近灯丝。由于温度非常高，卤素灯有造成火灾和燃烧的危险。在澳大利亚，每年都有大量的房屋火灾是由安装在顶棚上的卤素筒灯引起的。因此，一些安全规范要求卤素灯泡受到格栅的保护，尤其是剧院使用的大功率（1~2kW）灯泡，需要防止窗帘与灯具接触的易燃物品着火。

需要注意，卤钨灯任何表面污染，尤其是来自人类指尖的油，都会在加热时损坏石英外壳。由于污染物会比玻璃吸收更多的光和热，因此，当灯打开时，污染物会在灯泡表面形成热点。这种极端的局部热会导致石英从玻璃状转变为较弱的结晶状，从而泄漏气体。这种减弱也可能导致其爆炸。

为解决上述问题，可以将卤钨灯小的玻璃外壳封装在一个比其大得多的外部玻璃灯泡中。遮阳外罩的温度要低得多，更安全，可以保护可能接触它的物体或人；热运行的内外壳受到保护，不受污染，处理灯泡时不会损坏灯泡；还可以保护周围环境，防止内舱发生破碎；外罩还可以过滤掉紫外线辐射；较大的外罩使其在机械上与替换的灯泡相似；内部和外部外壳可以处于不同的压力下，通过传导或对流减少散热，以优化发光效率和寿命之间的平衡。

由于卤钨循环作用，可以消除灯泡玻璃外壳壁发黑现象，所以灯泡初始和寿终时的光通量（见电光源）基本上保持不变，灯泡寿命延长，显色性好，光谱功率分布如图 3-1-3 所示，体积小，色温达 3200K。

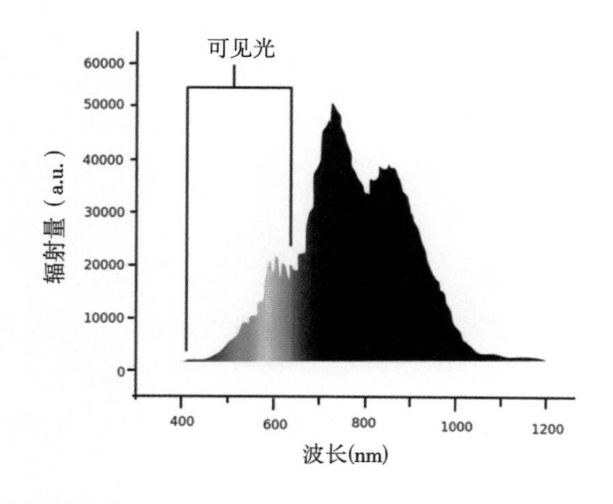

图 3-1-3　卤钨灯光谱

用直钨丝为白炽体制成的直丝白炽灯，其工作温度较低，发光效率为 6~9lm/W；将直钨丝缠绕螺旋状形成的单螺旋白炽体，色温可达 2700K，发光效率约为 13lm/W。

图 3–1–4　荧光灯内部电极

3.1.3　荧光灯（Fluorescent Lamp）

1856 年，盖斯勒发明了第一个气体放电灯，由一个两端带有金属电极的部分真空玻璃管组成，电极如图 3–1–4 所示。

当在电极之间施加高电压时，管内会发出辉光放电。通过将不同的化学物质放入试管中，可以制作出各种颜色的灯管。1858 年，朱利叶斯·普吕克系统地描述了盖斯勒管中发生的发光效应，并观察到当靠近电磁场时，管中的辉光会移动位置。1859 年，亚历山大 · 爱德蒙 · 贝克勒尔（Alexandre Edmond Becquerel）观察到某些物质在放入盖斯勒管时会发光。他在这些管子的表面涂上一层薄薄的发光材料就出现了荧光，但试管效率很低，使用寿命很短。

1896 年，托马斯 · 爱迪生发明了一种使用钨酸钙涂层作为荧光物质的荧光灯。19 世纪 90 年代尼古拉 · 特斯拉（Nikola Tesla）设计出了能发出明亮绿光的高频荧光灯泡。

1895 年，爱迪生的前雇员丹尼尔 · 麦克法兰 · 摩尔（Daniel McFarlan Moore）使用二氧化碳和氮气充满灯管并发明了一种电磁控制阀，可以使管内保持恒定的气体压力，以延长灯的工作寿命。虽然摩尔的灯复杂、昂贵，而且需要非常高的电压，但它比白炽灯的效率要高得多，并且比当代白炽灯更接近自然光。因此，到了 1904 年，摩尔的照明系统被安装在许多商店和办公室。

1910 年，法国的 A. 克洛德发明了氖气放电灯。1938 年，欧洲和美国在此基础上研制出热阴极荧光放电灯。1942 年研制成功卤磷酸钙荧光粉，由于它无毒、价廉、发光稳定、发光效率高，至今仍然是荧光灯的主要发光材料。1971 年,荷兰的库达姆发明三基色荧光灯。人眼在红色、绿色和蓝色光区域存在三个视觉响应峰值，而这三种基本颜色光可以合成白色光。因此，采用能分别发射红、绿、蓝三色窄光谱带的三种荧光粉，可以制成发光效率高、显色性能好的三基色荧光灯。

目前，荧光灯是应用最广泛、用量最大的气体放电光源。它具有结构简单、光效高、发光柔和、寿命长等优点。荧光灯的发光效率是白炽灯的 4~5 倍，寿命是白炽灯的 10~15 倍，是高效节能光源。

通过缩小荧光灯灯管直径可以提高发光效率。近年来玻管直径已逐渐从 38mm、32mm、29mm 缩小到 26mm。

荧光灯主要有两种类型，传统的线性荧光灯和紧凑型荧光灯。如图 3–1–5 所示，线性灯的直径和长度各不相同，主要有直径 38mm 的 T12 型灯、直径 25mm 的 T8 型灯和直径 16mm 的 T5 型灯。线性荧光灯通常是有效的光源，有些灯接近 100lm/W。

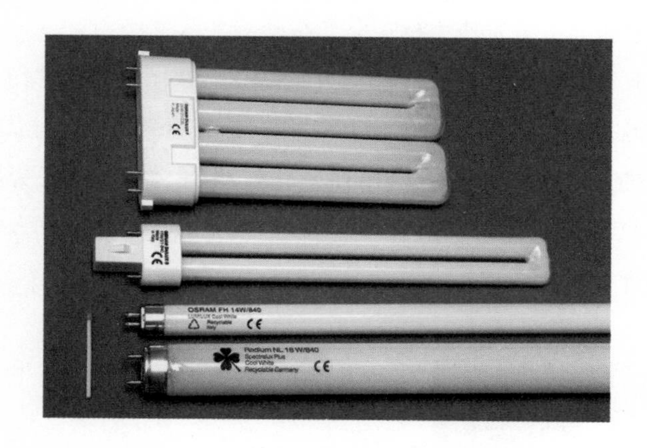

图 3–1–5　线性荧光灯、紧凑型荧光灯

带有镇流器和标准灯头并使之为一体的荧光灯称为自镇流荧光灯，荧光灯中的电子控制装置可以通过高频驱动装置保持气体中的离子数量，进而减少了其运行中的闪烁，从而使荧光灯更有效的运行。

无极荧光灯是利用高频电磁场激发放电腔内的低气压汞蒸汽和惰性气体放电产生紫外线，紫外线再激发放电腔内壁上的荧光粉而发出可见光。它可以瞬时启动，关灯后可以立即重新启动，寿命长，无频闪。

无极荧光灯的发光效率高，发光面积大，光线柔和，使用寿命长，可以使光色近似日光色或其他各种光色，是一种良好的室内照明光源。

荧光灯工作时，在放电过程中被电场加速的电子与汞原子碰撞，汞原子吸收电子的动能而被激发。激发原子在短时间（10^{-8}~10^{-9}s）内又回到原来的低能量状态。这时原子由于碰撞而吸收的能量以电磁波辐射能的形式释放出来。采用交流电源点燃荧光灯时，在每一个半周期内，随着电流的增减，灯管发出的光通量产生相应的变化，形成闪烁现象，这称为频闪效应。闪烁的频率是交流电频率的 2 倍。由于频闪效应，在有高速运动物体的环境中采用荧光灯照明，会使人产生运动物体模糊，转动物体停转、慢转或反向转动等错觉。

3.1.4　金卤灯（Metal-halide Lamp）

金属卤化物灯是一种高强度气体放电灯，通过蒸发汞和金属卤化物的气体混合物产生电弧发光。这些气体和电弧反应包含在石英或陶瓷电弧管中，共同封闭在一个较大的玻璃灯泡内，灯泡上有一层涂层，可以过滤紫外线。灯管内充入不同的金属卤化物，可以制成不同特性的光源，如图 3–1–6 所示。它们的工作压力介于 4~20 个大气压之间，需要特殊的固定装置和电子镇流器才能安全工作。

金属卤化物灯的高发光效率约为 75~100lm/W，是白炽灯的 3~5 倍。产生强烈的白光。灯具寿命为 6000~15000h。它兼有荧光灯、高压汞灯、高压钠灯的优点，并克服了这些灯的缺点，金属卤化物灯汇集了气体放电光源的主要优点，尤其是具有光效高、寿命长、光色好三大优点，如图 3–1–7 所示。

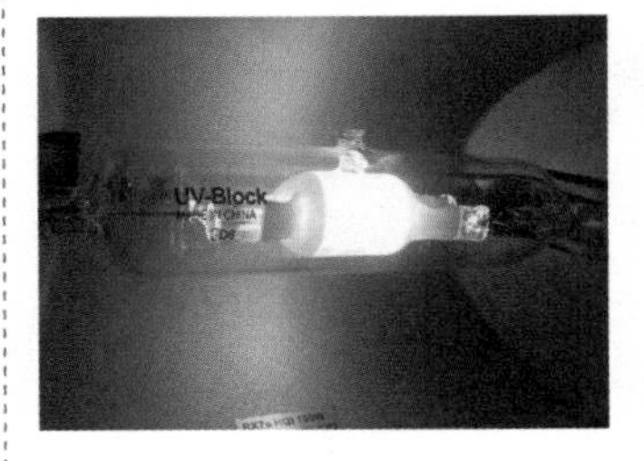

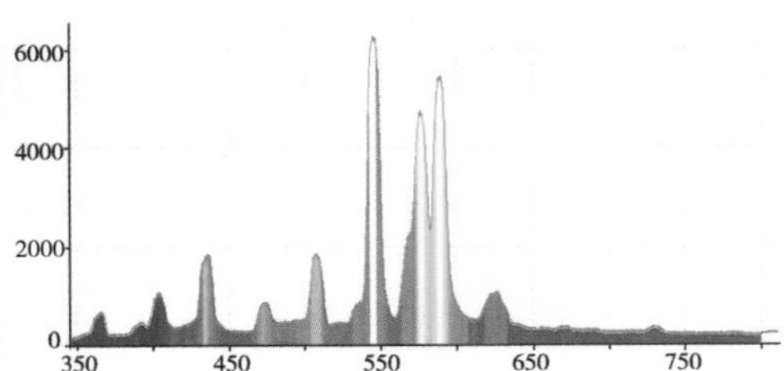

图 3–1–6　工作中的金卤灯（左）
图 3–1–7　金卤灯光谱效率分布曲线（右）

金属卤化物灯的基本原理是将多种金属以卤化物的方式加入到高压汞灯的电弧管中，使这些金属原子像汞一样电离、发光。

截至 2005 年，金属卤化物是照明行业增长最快的版块。它们主要用于商业、工业和公共场所的广域高架照明，如停车场、运动场、工厂和零售店，以及住宅安全照明和汽车前照灯。

金属卤化物灯点燃后，开始放电时是暗淡的光。随着蒸汽压力的升高，工作电压也升高，电流减小。待工作电压和工作电流正常后，就进入稳定的工作状态，发出强烈的光。

3.1.5 钠灯（Sodium-vapor Lamp）

1）低压钠灯（Low-pressure Sodium（LPS）Lamps）

1920 年左右，低压钠弧放电灯首次被投入使用。灯在小于 1 Pa 的压力下工作，在 589.0mm 和 589.56nm 波长的钠发射线周围产生近单色黄光光谱。

低压钠灯在许多方面与荧光灯相似，因为它们都是低压放电灯。所有特性的差异都源于排放管中使用钠，而不是汞。二者之间的差异在于排放管中使用的物质，钠灯需要把灯运行得更热以保持钠的蒸汽压力，另外钠灯的内部放电管周围有一个外部玻璃真空外壳用于隔热，以提高灯的效率。钠灯的内部放电管周围有一个外部玻璃真空外壳用于隔热，以提高灯的效率。

钠在可见光而不是紫外线频率范围内发光，所以不需要荧光层。

低压钠灯光色柔和、眩光小、透雾能力极强、现代低压钠灯的使用寿命可达 18000h，且流明输出不会随着使用时间的增长而下降。但灯的尺寸大，运行时间长、光色单一。如图 3-1-8、图 3-1-9 所示（LPS 灯的预热阶段，潘宁混合物中微弱的粉色光逐渐被金属钠蒸汽中明亮的单色橙色光所取代）。

由于钠灯发射的光的波长接近人眼的峰值灵敏度。所以，在明视照明条件下，LPS 灯是最有效的电光源之一。现有低压钠灯的额定功率在 10~180W 之间，光效可达 100~200lm/W。这种特性使它更适用于室外照明，如公路、隧道、港口、货场和矿区等场所的照明。但是，低压钠灯发出近乎单色黄光，显色性较差。因此，这种灯不宜用于繁华的市区街道和室内照明。

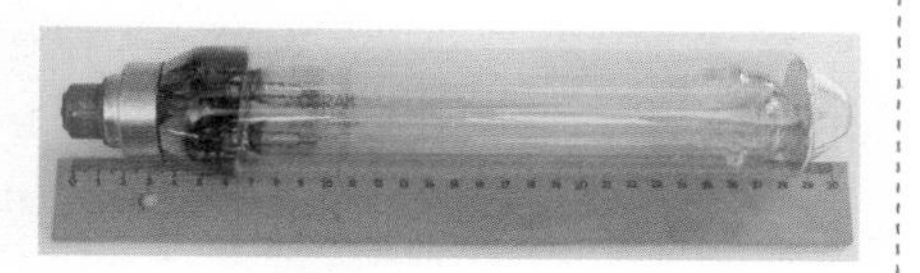

图 3-1-8 35W 低压钠灯

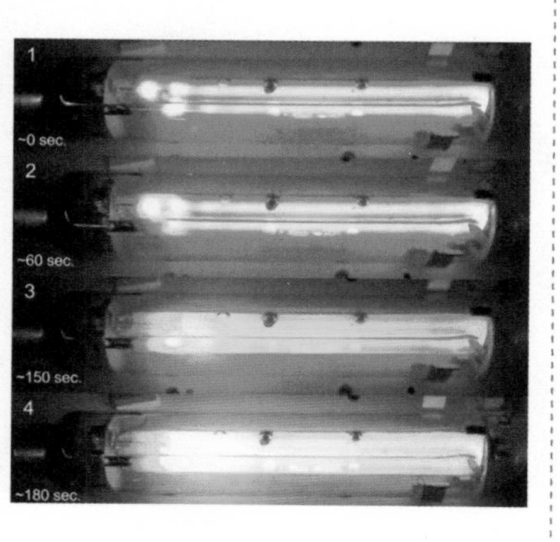

图 3-1-9 低压钠灯的预热时间与色品

2）高压钠灯

1965年，美国、英国和荷兰的公司推出了第一款商用高压钠灯，其光效达到100lm/W。

高压钠灯在高压下通过钠蒸汽放电发光。通过增加钠蒸汽的压力可以使钠发射光谱变宽，由此产生的光在589 nm区域发射出更多能量，光色也随之变化，如图3–1–10所示。

高压钠灯（High–pressure Sodium（HPS）Lamps）

高压钠灯的效率很高，如600W的高压钠灯效率约为150lm/W，如图3–1–11所示。

目前，高压钠灯已广泛应用于工业照明、户外区域照明，如道路、停车场和安全区域等。

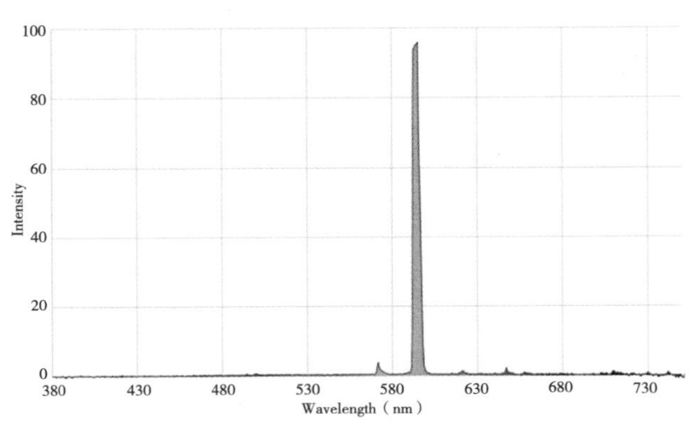

图3–1–10　高压钠灯光谱分布曲线

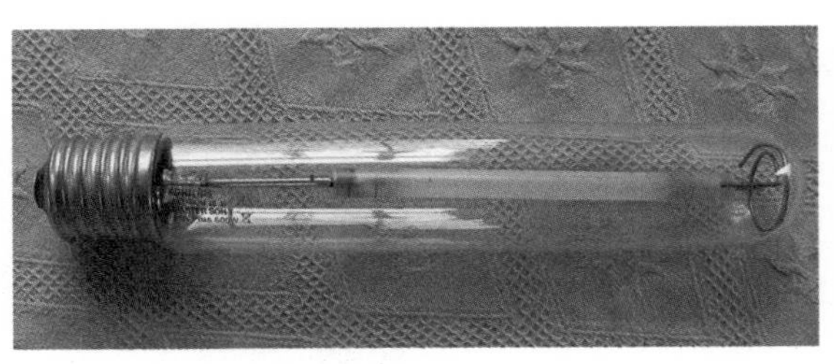

图3–1–11　600瓦高压钠灯（来源：Encyclopedia the free dictionary）

3.1.6 LED发光二极管（Light-Emitting Diode）

第一批低功率LED出现在20世纪60年代早期，只能发出红色的光。1968年，第一批商用LED灯问世，由于其只能显示深红色，所以并不适合一般照明，其使用仅限于数字显示和指示灯上。

1994年，日本日亚株式会社的中村淑二展示了第一款高亮度蓝色LED。蓝色LED的存在导致了第一个“白色LED”的开发。通过使用磷光体涂层，将发射的蓝光部分转换为发射红光和绿光。从而混合产生了白光LED。后来，Akasaki Isamu、Amano Hiroshi、Nakamura因发明了蓝色LED，而获得了2014年的诺贝尔物理学奖。

1995年，中国进一步推动了LED的研发。21世纪初，美国、日本、韩国等都开始流行使用这种技术。2008年，飞利浦照明停止了紧凑型荧光灯的研究，而转投固态照明研究。2009年，飞利浦发布了第一款LED灯。2010年，发布了世界上第一款60W等效LED灯，2011年发布了75W等效LED灯。2011年8月3日，美国能源部将60W白炽灯替换类奖项授予了飞利浦。

近二十年来，LED灯技术发展很快，光效不断提高，质量不断改进，价格不断下降，目前已广泛应用。

LED灯发光效率可达到60~120lm/W。照度水平同样的情况下，理论上不到白炽灯10%的能耗，即使与荧光灯相比，也可以达到30%~50%的节能效果。其使用寿命长、体积小、质量轻、环氧树脂封装、防潮、耐低温、抗振动，大大降低了灯具的维护费用。LED为全固体发光体，响应时间短，起点快捷可靠，不含汞，环保性能好，发热量低，无热辐射，安全可靠性能比较高。同时，LED光源尺寸小，为定向发光，调光方便，可结合控制技术、通信技术实现自动调光，也便于灯具配套和提高灯具效率。因此，可以很好地满足节能的需要。

3.2　导光管（Light Guide Tube）

3.2.1　导光管组成（Composition of Light Guide Tube）

导光管是用于传输天然光的采光部件、管状部件、集光器、漫射器共同构成的采光系统，如图3-2-1所示。它通过屋顶的采光部件集光器高效的收集日光中的可见光，再经过高反射率管状部件将光定向传输到需要光照的区域，并在末端安装漫射装置，将天然光照射到室内[①]（图3-2-2）。

集光器内部的棱镜结构可以采集各个角度的太阳光，同时，可滤掉100%的紫外线和接近100%的红外线，从而防止太阳热辐射传导到室内。

① 中国建筑科学研究院，等.导光管采光系统技术规程JGJT 374—2015[S].北京：中国建筑工业出版社，2016.

导光管由无缝铝管制成，内壁涂高反射材料，其有效反射率不小于98%。常用的导光管直径为250mm、350mm、530mm和750mm，国内导光管产品的最大直径为2400 mm，可满足超长距离的光线传输需求。

漫射器如图3-2-3所示，类似于高透射率的灯罩用来将光线均匀漫射至室内。

图3-2-1　导光管

图3-2-2　导光管集光器（左）
图3-2-3　导光管漫射器（右）

3.2.2　导光管特性（Characteristics of Light Guide Tube）

导光管系统可以完全利用自然光代替人工光源照明，可降低建筑物内部照明能耗。由于该系统直接传输自然光，全光谱、无频闪、无眩光，100%隔绝紫外线和红外线。因此，其视觉效果好，并可以有效降低采光和照明所产生的热量，降低建筑的空调能耗。

而导光管系统采光受外部天气的变化影响，室内的光照并不稳定。因此，该系统不适用于要求光线稳定的公共建筑或精密仪器车间等空间。同时，光线在导光管内长距离传输或多次反射后，会造成光通量的大幅度衰减，因此，该系统更适用于单层建筑物、地下室等空间，且对于高层并不适用。

3.3 光纤（Optical Fibers）

3.3.1 光纤传光原理（Optical Fiber Transmission Principle）

光的全反射现象是光纤传光原理的基础。光源通过光纤导管可以传输几乎任意远的距离，利用这一原理形成的照明方式叫光纤照明[①②]。

光导纤维是直径约为 0.1mm 的多层同轴的细玻璃丝，其内芯采用石英纤维，材质为高纯度的石英玻璃，掺少量锗、硼、磷等；中间层为玻璃，外层采用聚氨基甲酸乙酯或硅酮树脂。这种结构可以把光封闭在其中，并沿轴向进行传播。

光纤具有重量轻、体积小、传输距离远、容量大、信号衰减小、抗电磁干扰等优点，是一种优良的通信介质和导光介质。

3.3.2 光纤在照明领域的应用（Applicaton of Optical Fiber in Lighting）

光纤照明的应用形式有两种。

光纤灯是由光源、反光镜、透镜、滤色片及光纤组成的系统，如图 3-3-1 所示。光源发出的光线，通过反光镜和透镜将光纤聚焦，再通过滤色片筛选需要的颜色，然后将特定颜色的光传给光纤管，这样就可以传输到任何一个地方。如果一个光源连接多股长距离光纤，就可以实

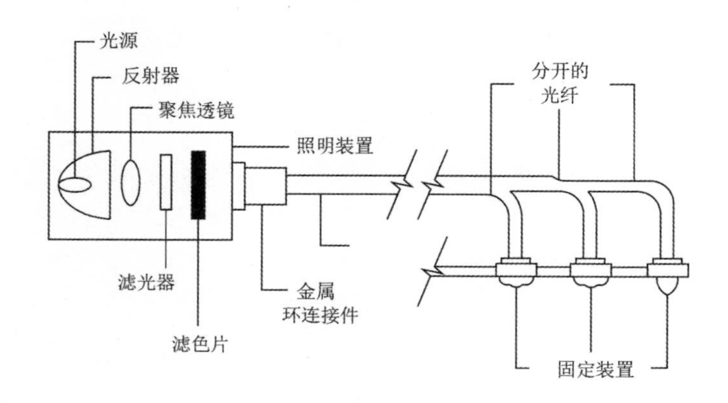

图 3–3–1　光纤灯系统示意图

① （日）根本俊雄，岛田祯晋 . 光导纤维及其应用 [M]. 北京：科学出版社，1983.
② （苏）维恩别尔格（Вейнберг，В.Б），（苏）萨特塔罗夫（Саттаров）等 . 光导纤维光学 [M]. 北京：机械工业出版社，1986.

现光电分离，可以有效地解决照明触电和火灾等危险。由于其通体不带电，因此可以用于高危区域或水下照明。

太阳能光纤照明系统与光纤灯系统类似，如图 3–3–2 所示。只是光源端从人工光环变为可以聚焦太阳光的设备。这个可聚焦太阳光的设备，通常具有自动跟踪功能，可以实时追踪太阳的方位并将太阳光线聚集成一个较强的光束。再通过光纤将这个较强的光束传输到任意位置，并在光线的末端安装类似于灯罩的扩散装置，将太阳光线扩散到需要照明的区域。

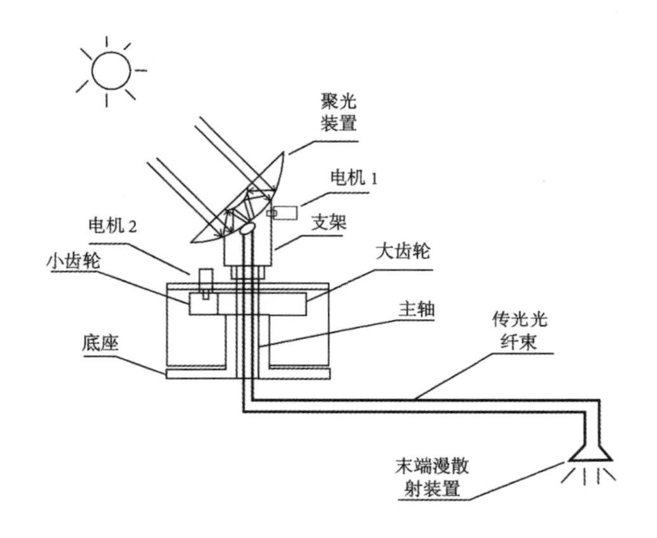

图 3–3–2 太阳能光纤照明系统示意图

3.4 建筑玻璃（Architecture Glass）

3.4.1 平板玻璃（Plate Glass）

平板玻璃是平板状玻璃制品的统称，其主要化学成分为钠钙硅酸盐。它具有透光、透明、保温、隔声、耐磨、耐气候变化等性能[①]。

平板玻璃的折射率约为 1.52；透光度 85% 以上（厚 2mm 的玻璃，有色和带涂层者除外）；热导率 0.81~0.93W/（m·K）。

平板玻璃按厚度可分为薄玻璃、厚玻璃、特厚玻璃；按表面状态可分为普通平板玻璃、压花玻璃、磨光玻璃、浮法玻璃等。平板玻璃还可以通过着色、表面处理、复合等工艺制成具有不同色彩和各种特殊性能

① 阿姆斯特克 . 建筑玻璃实用手册 [M]. 北京：清华大学出版社，2004.

的制品，如吸热玻璃、热反射玻璃、选择吸收玻璃、中空玻璃、钢化玻璃、夹层玻璃、夹丝（网）玻璃、颜色玻璃等。

普通平板玻璃，即窗玻璃，厚度通常为 2mm、3mm、5mm、6mm、8mm、10mm、12mm 直至 19mm 等，用于一般建筑、厂房、仓库等。也可用它加工成毛玻璃、彩色釉面玻璃等，厚度在 5mm 以上的可以作为生产磨光玻璃的毛坯。

压花玻璃的表面具有美丽的花纹、图案，因表面凹凸不平引起光的漫射，能透光而不透明。压花玻璃品种有无色、彩色、吸热、套色以及不同花纹图案等，通常用于室内装饰、门窗及要求采光而不要求透明的场所。

磨光玻璃和浮法玻璃是用普通平板玻璃经双面磨光、抛光或采用浮法工艺生产的玻璃。一般用于民用建筑、商店、饭店、办公大楼、机场、车站等建筑物的门窗、橱窗及制镜等，也可用于加工制造钢化、夹层等安全玻璃。

1）安全玻璃

安全玻璃是具有保障人身安全性能的平板玻璃的统称。通常是经增强处理、夹层复合或采用特殊成分制成。此种玻璃或机械强度高、抗冲击性能好；或耐热防振；或破碎时不形成有尖锐棱角的颗粒，碎片不飞溅、不掉落；能防止因冲击、火灾等引起的玻璃碎片对人体的伤害等。特殊的安全玻璃还能抵御枪弹的射击、屏蔽高能射线（如 X 射线、γ 射线等）及防止火灾蔓延等。安全玻璃的主要品种有：钢化玻璃、夹层玻璃、防弹玻璃、防盗玻璃、防火玻璃、夹丝玻璃及防护玻璃等。

2）钢化玻璃

钢化玻璃即淬火增强玻璃。将玻璃均匀加热达软化温度时，用高速空气等冷却介质骤冷而制成的玻璃。这种玻璃表面存在均匀的压应力，从而可提高玻璃的机械强度和抗热震性能。根据其刚化程度和制品形状的不同，可以分为完全钢化、区域钢化、半钢化、平面钢化和弯形钢化等品种。钢化玻璃的抗弯强度比未经处理的玻璃大 3~5 倍，可达 150~250MPa，热稳定性提高 3~4 倍，可经受 200~250℃的温差急变，破碎时形成无尖锐棱角的颗粒，对人体伤害很小，是最广泛使用的安全玻璃。

钢化玻璃在建筑中主要应用于门、窗、橱窗、围护结构及用作饰面材料等。

3）夹层玻璃

夹层玻璃在两片或多片玻璃间夹以透明的聚乙烯醇缩丁醛胶片或其他胶合材料，经加热、加压胶合而成的复合玻璃制品。当受冲击时，由于中间层有弹性，粘结力强，能提高抗冲击强度，破碎时其碎片不掉落、不飞溅，能有效地防止或减轻对人体的伤害。此外，还可以利用吸热玻璃、热反射玻璃、颜色玻璃和导电膜玻璃等，制成特殊的夹层玻璃，主要用于交通运输车辆及建筑物中有特殊要求的部位。

4）防弹玻璃

防弹玻璃和防盗玻璃是用钢化玻璃、化学增强玻璃、夹丝（网）玻璃及高强有机材料（如定向有机玻璃、聚碳酸酯等），并采用夹层工艺制成的复合玻璃。按照不同的要求，可选用不同材料组成不同的复合结构，达到能在一定距离内抵御枪弹射击的性能和防范偷盗的效果。一般用于有特殊防弹或防盗要求的建筑物及边防观察哨所等。

5）防火玻璃

防火玻璃指在两片玻璃间凝聚一种透明的凝胶，遇高温时，分解而吸收大量的热，使玻璃可保持暂时不破裂而防止火灾蔓延的玻璃。防火玻璃一般用于建筑群的防火隔扇或防火道等。另外，玻璃空心砖、夹丝（网）玻璃也有一定的防火效果。

6）夹丝（网）玻璃

夹丝（网）玻璃是在玻璃压延成型时，在玻璃内部嵌入金属丝（网）的玻璃。当玻璃破碎时，其碎片仍悬挂在金属丝（网）上而不掉落。火灾时能短时间阻止火焰蔓延，延缓火灾的扩大，可作为防火建筑的窗和隔烟间壁。一般用作建筑物的透明防护结构、天窗和庭院、公园、动物园及运动场地的透明栏栅。

7）防护玻璃

防护玻璃是指能有效地屏蔽 X 射线、γ 射线和热中子等危害人体的玻璃。其透明度高，含有能吸收高能射线的铅和吸收热中子的硼等。对高能射线稳定，经辐照后不变色、不析晶、不破坏。主要用于研究、生产及应用原子能、同位素的建筑物中要求防护的部位。

3.4.2 中空隔热玻璃（Hollow Insulation Glass）

中空隔热玻璃是由两片或多片保持一定间距并周边密封的平板玻璃

组成，玻璃片间充以干燥空气或惰性气体和放置吸湿剂。按其成型工艺分为玻璃直接熔接、用铜做隔离条焊接和用铝等做隔离条并靠胶粘剂粘接三种；按制品结构分有双层中空玻璃和多层中空玻璃等，现在主要是用粘接法生产中空玻璃。

中空玻璃由于玻璃层间保持有一定浓度的干燥空气或惰性气体层，具有良好的保温、绝热、隔声性能，可以使其在寒冷地区不结露、不结霜且保持透明，并可大量节约空调及采暖能耗，另外，其隔声性能阻隔室外噪声的传入，使室内居住舒适。

中空玻璃的透光系数：双层为 0.7~0.74；三层为 0.6~0.64。

采用吸热玻璃、颜色玻璃、热反射玻璃、选择吸收玻璃及光致变色玻璃等制成的中空玻璃，除能改善采光和绝热性能外，还能进一步达到降低空调和采暖能耗、调节光线、增加防眩、单面透视可省去窗帘等效果。有些国家已规定新建住宅必须采用、老住宅改用双层中空玻璃。因此，近年来中空玻璃发展迅速，应用广泛。

3.4.3　光致变色玻璃（Photochromic Glass）

1964 年康宁玻璃公司发明的光致变色玻璃（又称为光色玻璃）是向普通玻璃原料中添加铕、铈和卤化银等增敏剂、变色剂，经熔制、成型、退火后进行热处理而制成。这种在日光辐照下着色，在暗处就褪色的玻璃，光线弱时能通过大量的光，而光线强时又能自动降低透光度，保持光照强度在一定的范围之内，避免过度日照。

光色玻璃可分为两类：（1）均相型光色玻璃。如 $CdO-SiO_2$ 光色玻璃，经紫外光辐照后，在可见光区域 460nm 处有强烈光吸收而着色。（2）异相型光色玻璃。如卤化银光色玻璃。它有光的响应性和着色的可逆性。作为阳光防护材料可分为灰色和棕茶色两大类。在建筑中主要用于防眩、单面透视及要求保持一定照度的场所。也可用作汽车、飞机、船舶上的挡风玻璃和观察窗户玻璃。

3.4.4　镀膜玻璃（Coated Glass）

镀膜玻璃也称反射玻璃，外侧如镜面，低透射率。镀膜玻璃是在玻璃表面涂镀一层或多层金属、合金或金属化合物薄膜，以改变玻璃的光学性能，满足某种特定要求。镀膜玻璃按产品的不同特性，可分为以下几类：热反射玻璃、吸热玻璃、低辐射玻璃（Low–E）、导电膜玻璃等。

1）热反射玻璃

热反射玻璃是采用化学热分解、真空蒸发、阴极溅射及电浮法等方法，在平板玻璃表面涂敷一层或多层诸如铬、钛或不锈钢等无色或有色的透明金属或金属氧化物膜的玻璃。利用涂层和玻璃的折射率的差异，根据反射和薄膜干涉效应，获得强的反射率，而且膜层中的金属胶体，也可提高对热辐射的反射率。

这种玻璃有单面反射和双面反射两种类型。膜层材料有金、银、铜、镍、铬等金属和氧化铝（Al_2O_3）、氧化硅（SiO_2）及氧化钛（TiO_2）等氧化物。热反射玻璃对太阳光的反射率达30%~40%，对热辐射（$\lambda = 0.7{\sim}2.5\mu m$）的反射率可达40%~60%，可以明显降低透过玻璃的热辐射，并提高防眩能力和舒适感。主要用于高级建筑、寒冷地区的民用住宅及要求空调的建筑之中。

为了节约能源和提高居住条件水平，这种玻璃将日益广泛应用。

该玻璃能选择吸收或透过紫外线、红外线以及其他特定波长的可见光。一般可以通过调整或改变玻璃成分及表面涂层的方法制得。

紫外线可以杀菌，有益于人体、动物的生长发育，但对油墨、颜料、纸张、绢绸等有破坏作用，因此紫外线透过玻璃多用于医院、疗养所的门窗、天窗及医疗设备上；紫外线吸收玻璃多用于存放贵重文物、字画、档案资料等建筑物的门窗；吸收或透过红外线的玻璃多用于太阳能集热器、空调房间及农用建筑之中。

2）吸热玻璃

吸热玻璃是能透过可见光、吸收热辐射（即红外线）、阻止热辐射透过的玻璃。这种玻璃一般可以阻止大部分（40%~60%）的太阳热辐射进入室内，从而起到节省空调能源、改善自然采光和装饰的效果。

吸热玻璃通常有玻璃料着色和表面涂敷的吸热两大类。料着色的吸热玻璃是在普通平板玻璃原料中添加铁、钴、镍、铜、硒等元素的氧化物，玻璃一般呈蓝色、灰色及古铜色等，可以采用平板玻璃的生产工艺进行生产。表面涂敷的吸热玻璃是采用化学热分解、真空蒸发或溅射等方法向玻璃表面涂敷金属或金属氧化物膜而形成的吸热玻璃。

3）低辐射玻璃

低辐射玻璃是在玻璃表面镀由多层银、铜或锡等金属或其化合物组成的薄膜，产品对可见光有较高的透射率，对红外线有很高的反射率，具有良好的隔热性能，主要用于建筑和汽车、船舶等交通工具，由于膜层强度较差，一般都制成中空玻璃使用。

高透型 Low-E 玻璃具有较高的可见光透射率、较高的太阳能透过率和远红外线发射率，所以采光性极佳，透过玻璃的太阳热辐射多，隔热性能优良，适用于北方寒冷地区和部分地域的高通透性建筑，突出自然采光效果。

遮阳型 Low-E 玻璃对室内视线有一定的遮阳性，可阻止太阳热辐射进入室内，限制夏季室外的二次热辐射进入室内，南方、北方都适用。因其具有丰富的装饰效果和室外视线遮阳作用，适用于各类建筑物。

双银 Low-E 玻璃突出了玻璃对太阳热辐射的遮阳效果，将玻璃的高透光性与太阳热辐射的低透过性巧妙地结合在一起，有较高的可见光透过率，可有效地限制夏季室外的背景热辐射进入室内。

4）导电膜玻璃

导电膜玻璃是采用化学热分解法或真空蒸发、阴极溅射等方法，在玻璃表面形成透明导电的金属膜或金属氧化物膜，在一定的电压下能保持一定的温度，可达到除冰、防霜的目的，如图 3-4-1 所示。可用于玻璃的加热、除霜、除雾以及用作液晶显示屏等。这种玻璃一般用于寒冷地区或需要瞭望的建筑物上，如航空指挥塔、边防哨所等的门窗，并可用于需要防静电累计、屏蔽无线电波的构筑物上。

图 3-4-1　导电膜玻璃

3.4.5　自清洁玻璃（Self-cleaning Glass）

自清洁玻璃能够利用阳光、空气、雨水，自动保持玻璃表面的清洁，并且玻璃表面所镀的 TiO_2 膜或其他半导体膜还能分解空气中的有机物，以净化空气，且催化空气中的氧气使之变为负氧离子，从而使空气变得清新，同时能杀灭玻璃表面的细菌和空气中的细菌。自清洁玻璃不仅能净化本身，还能净化周围的环境。

3.4.6 太阳能薄膜（Solar Films）

太阳能薄膜可以使用价格低廉的玻璃、塑料、陶瓷、石墨土，金属片等材料作为基板，形成可产生电压的薄膜，厚度仅需数微米，晶体硅薄膜厚度 180~250μm、单结非晶硅薄膜 600nm、叠层非晶硅薄膜 400~500nm，如图 3-4-2 所示。因此，在同一受光面积之下可较硅晶圆太阳能电池大幅减少原料的用量（厚度可低于硅晶圆太阳能电池 90% 以上），目前实验室转换效率最高已达 20% 以上，规模化量产稳定效率最高约 13%。薄膜太阳电池除了平面之外，也因为具有可挠性，可以制作成非平面构造，其应用范围大，可与建筑物结合或是变成建筑体的一部分，在薄膜太阳电池制造上，则可使用各式各样的沉积技术，一层又一层地把 p- 型或 n- 型材料理顺，常见的薄膜太阳电池有非晶硅、$CuInSe_2$（CIS）、$CuInGaSe_2$（CIGS）、和 CdTe 等。

薄膜太阳能模块是由玻璃基板、金属层、透明导电层、电器功能盒、胶合材料、半导体层等构成的。

图 3-4-2 太阳能薄膜

第 4 章 光环境学习实用工具

高效的使用工具可以搭建知识与实践的桥梁，是深入学习光环境的第4部分内容。在这个网络信息快速发展的时代，书本之外的知识极大扩充了老师教授的理论框架，是个人学习进步的重要平台。因此本书做了如下尝试：第一，在基本原理方法基础上搜集整理了光环境的相关网站，为读者提供深入学习该部分内容的重要渠道；第二，列举了光环境的检测工具，为读者提供深入研究该内容的重要基础工具，使其在可能的情况下进一步扩充和发展原有理论；第三，分析了现有研究光环境的模拟工具及模拟软件，重点关注了其所针对的研究领域及具体作用，便于读者快速区分并选择相应的模拟研究工具，并简要列举了相关模拟软件，在该部分内容中，弱化软件的开发者、出处、精度、流行度等信息。而重点关注软件所对应的光环境领域及其简要的作用，并为作者提供了软件的相关出处，便于作者深入地学习与查找。

4.1 光环境研究相关网站（International Organizations）

4.1.1 专业组织（Professional Organization）

与建筑城市光环境研究和学习的相关网站基本包括四类。

第一类是重要的学术委员会。其中CIE国际照明委员会作为全球最高级别的与光有关的专业组织机构为全球的相关照明、采光、视觉等领域提供了最原始的研究报告以及最高级别的标准。这些是全球各个国家制定相应标准的重要参照依据。在该组织的领导下，各国建立了各级与光有关的下级学术委员会，如中国照明学会、美国照明学会等。其中，北美照明工程学会、英国的照明研究中心的相关成果与内容受到全球的广泛关注与学习。

第二类比较特殊的光环境相关网站是与城市照明密切相关的。最主要的是国际暗夜协会，以及与其密切相关的国际天文学联合会。这些组织机构信息，为城市照明城市夜空光环境保护，大尺度光环境研究提供了重要参考和先进的技术经验。

第三类光环境研究相关网站主要针对的是实际光环境设计项目。其中包括建筑光环境设计、城市光环境设计、灯具设计等。这些网站提供了大量的实际照明案例，主要介绍了相关的设计标准、具体的落实方法以及相应的指导教学内容等。

第四类网站列举的是光环境相关要素，如玻璃、灯具、门窗等对应的专业设计、研究、宣传组织，如灯具设计联盟等。

以上为作者认为比较重要的相关学会和组织的相关网站，以此为基础信息可以扩展到该领域的其他网站。

以上网站相关信息见表 4–1–1。

照明学会和组织信息　　表 4–1–1

类别	序号	名称
第一类	1	国际照明委员会（Commission Internationale de l'Eclairage，CIE）
	2	中国照明协会（China Illuminating Engineering Society，CIES）
	3	美国照明协会（American Lighting Association，ALA）
	4	照明研究中心（Lighting Research Center，LRC）
第二类	5	国际天文学联合会（International Astronomical Union，IAU）
	6	国际暗夜协会（International Dark–Sky Association，IDA）
第三类	7	国际照明设计师协会（International Association of Lighting Designers.IALD）
	8	国际光学工程学会（Society of Photo–Optical Instrumentation Engineers，SPIE）
	9	美国照明工程协会（Illuminating Engineering Society，IES）
	10	英国特许建筑服务工程师学会的一个子组织（CIBSE Society of Light and Lighting，SLL）
	11	澳大利亚和新西兰照明工程学会（Illuminating Engineering Society of Australia & New Zealand，IESANZ）
第四类	12	门窗热效评级委员会（National Fenestration Rating Council，NFRC）
	13	灯具设计联盟（DesignLights Consortium，DLC）
	14	国际玻璃协会（National Glass Association（NGA））
	15	照明设计词汇表（Lighting Design Glossary）
	16	欧盟灯具和灯具电工元件国家制造商协会联合会（Federation of National Manufacturers Associations for Luminaires and Electrotechnical Components in the European Union，CELMA）

4.1.2　相关组织（Relative Organization）

光环境研究既有自己的核心内容，也涉及多个领域。因此，本书列举了两类光环境相关网站信息。第一类是与光环境相关的生物学、天文学、历史学、环境学、能源科学等方面的网址。第二类是光环境学习相关网站，主要列举了建筑光学最核心的内容——即建筑与光、城市与光的部分相关网站。其中，大部分网站与绿色建筑相关，如英国的可持续性设计 BREEM，美国的绿色建筑设计网站 LEED 等。

具体内容见表 4–1–2。

相关学习网站　　表 4–1–2

类别	序号	名称
第一类	1	国际科学理事会（International Council for Science，ICS）
	2	光生物学科学在线（PHOTOBIOLOGICAL SCIENCES ONLINE）
	3	维多利亚和阿尔伯特博物馆（Victoria and Albert Museum）
	4	美国能源部（US Department of Energy）
	5	美国环境保护局（United States Environmental Protection Agency）
	6	美国能源部能量效率与可再生能源办公室（Office of Energy Efficiency and Renewable Energy）
	7	加拿大自然资源部（Natural Resources Canada）
第二类	8	先进建筑物（Advanced Buildings）
	9	（美国供暖制冷与空调工程师协会 ASHRAE）
	10	建筑行业研究联盟（Systems Building Research Alliance）
	11	绿色学校中心（Center for Green Schools）
	12	先进住宅建筑联合（CARB）（美国）
	13	“能源之星”（ENERGY STAR）
	14	美国能源技术领域（Energy Technologies Area）
	15	劳伦斯伯克利国家实验室（BERKELEY LAB）
	16	美国能源信息署（U.S.Energy Information Administration）
第二类	17	综合建造于施工解决方案（IBACOS）
	18	绿色家园指南（GREEN HOME GUIDE）
	19	国家再生能源实验室（National Renewable Energy Laboratory，NREL）（美国）
	20	橡树岭国家实验室（Oak Ridge National Laboratory）
	21	英国建筑环境评估方法（BREEM）
	22	加拿大绿色建筑委员会（Canada Green Building Council）
	23	日本建筑物综合环境性能评估法 CASEBEE
	24	美国绿色建筑委员会（USGBC）
	25	澳大利亚“绿色之星”（Green Building Council Australia）
	26	美国 LEED 国际项目

4.2 光环境检测工具（Light Enviroment Detection Tool）

4.2.1 照度计（Illuminometer）

照度计是一种专门测量照度的仪器仪表。用于测量物体被照明的程度。照度计通常是由硒光电池或硅光电池配合滤光片和微安表组成。

光电池把光能直接转换成电能。当光线射到硒光电池表面时，在界面上产生光电效应，产生的光生电流的大小与光电池受光表面上的照度有一定的比例关系。这时接上外电路，就有电流通过。电流值在以勒克斯（lx）为刻度的微安表上指示出来。光电流的大小取决于入射光的强弱。

除此之外，照度计还需要设置两种补偿，一种是照度计对不同波长的光及灵敏度不同所设置的补偿机制；另一种是由于被照面光源的入射角度不同所设置的角度补偿机制。在此种情况下，照度计误差应不超过 ±15%。

4.2.2 亮度计（Luminance Meter）

亮度计是一种测光和测色的计量仪器。在各种定量和定性分析光环境中得到了广泛应用。亮度计主要采用一对有一定距离的光孔接收固定立体角、固定投光面积的光通量。只要物体的表面积足够大，此值不随物体远近而变。

为了瞄准被测物体，亮度计常采用成像系统。被测光源经物镜后在带孔反射镜上成像，其中一部分经反射镜及目镜，由人眼接收，以瞄准和监控清晰成像面与带孔反射镜重合；另一部分光则经过反射镜上的小孔经后光孔到达光谱接收器。亮度值用指针或数字表头显示。

4.2.3 色度计（Colorimeter）

色度计是用以测量物体色的三刺激值或色品坐标的仪器。它通过与合成颜料比较来测量或详细说明颜色。典型的色度计有一个标准光源、三个彩色的滤光镜、光电管、一个标准的反光面板。比较先进的色度计会以光电管和电子电路代替人眼作为接收器，因而加快了结果的获得。

4.2.4 光谱仪（Spectroscope）

光谱仪是将成分复杂的光分解为光谱线，并在选定的波长上进行强度测定的科学仪器，由棱镜或衍射光栅等构成，利用光谱仪可测量物体表面反射的光线，如红外线、微波、紫外线、X 射线等。

光谱仪有多种类型，除在可见光波段使用的光谱仪外，还有红外光谱仪和紫外光谱仪。按色散元件的不同可分为棱镜光谱仪、光栅光谱仪和干涉光谱仪等。按探测方法分，有直接用眼观察的分光镜，用感光片记录的摄谱仪，以及用光电或热电元件探测光谱的分光光度计等。

光谱仪对光信息的抓取以照相底片显影，或电脑自动显示数值仪器显示和分析，从而测知物品中含有何种元素。这种技术被广泛地应用于空气污染、水污染、食品卫生、金属工业等的检测中。

4.2.5 太阳辐射测量仪（Solar Radiation Measuring Instrument）

太阳辐射测量仪是测量太阳总辐射和分光辐射的仪器。该仪器通过将接收到的太阳辐射能转变成热能、电能等形式的能量进行测量。

用于总辐射强度测量的有太阳热量计和日射强度计两类。

一种是太阳热量计，用于测量垂直入射的太阳辐射能。它用两块吸收率为 98% 的锰铜片作接收器。一片被太阳曝晒，另一片被屏蔽，并通电加热。每片上都安置热电偶，当两者温差为零时，屏蔽片加热电流的功率便是单位时间接收的太阳辐射量。

日射强度计测量用于测量直射和散射的太阳辐射能。它的接收器大多是水平放置的黑白相间或黑色圆盘形的热电堆，并用半球形玻璃壳保护，防止外界干扰。

太阳分光辐射测量仪的有滤光片辐射计和光谱辐射计。滤光片辐射计是在辐射接收器前安置滤光片，用于宽波段测量；光谱辐射计是单色仪，可测量宽约 50 埃的波段。

4.3　光环境模拟工具（Light Enviroment Simulation Tool）

4.3.1　采光与照明模拟软件简介（Daylighting and Lighting Simulation Software Introduction）

1）Radiance

Radiance 软件是美国能源部下属的劳伦斯伯克利国家实验室开发的一款优秀的建筑采光与照明模拟软件包。其突出的特点在于光环境模拟和分析过程中所产生的图像效果逼真。完全可以媲美市面上高级的商业渲染软件。而其具有的高精度模拟过程使其能够更接近真实的光环境。

2）DIALux

DIALux 软件是一款免费开放的软件，主要用于建筑室内外照明环境的模拟。该软件的最大特点是其内部置入了很多灯具制造商的。灯具信息为光环境的模拟和设置提供了极大的便利条件。部分界面示意如图 4-3-1~ 图 4-3-3 所示。

3）DOE-2

DOE-2 软件是一款免费的建筑能耗模拟软件。但是该软件可以准确地模拟建筑采光效果以及室内眩光对室内建筑能耗的影响。

4）AGi32

AGi32 是美国 Lighting Analysts 公司出品的一款采光与照明设计模拟软件。其主要用于材料表面对光环境的交互作用计算，还能够依据 LEED 及 CIE 等相关标准对室内外干扰光进行计算。部分界面示意如图 4-3-4 所示。

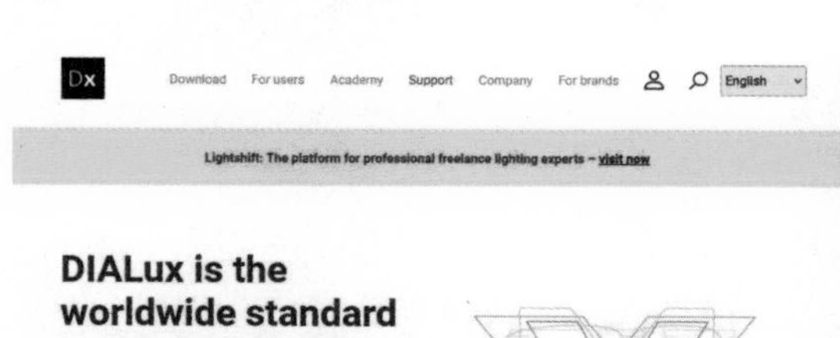

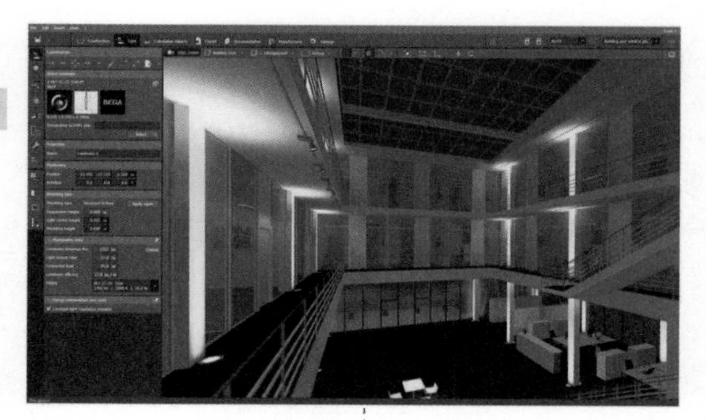

图 4-3-1　软件界面图（左）
图 4-3-2　软件工作界面图（右）

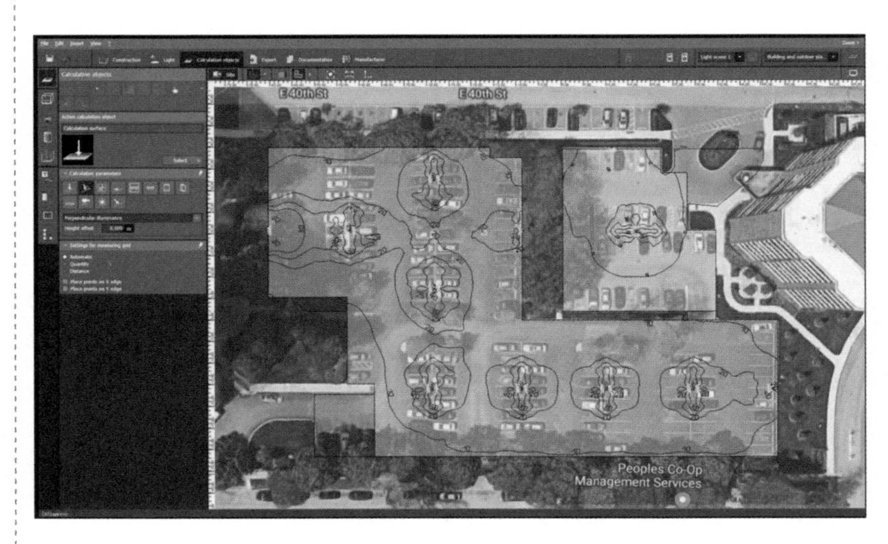

图 4–3–3　软件操作界面图 1

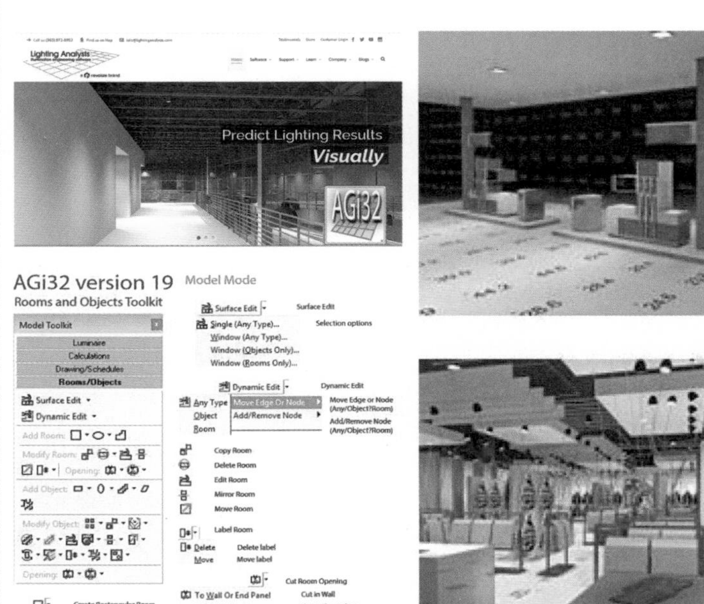

图 4–3–4　软件操作界面图 2

5）LightStanza

LightStanza 是一款具有照明环境模拟和采光环境模拟功能的软件。该软件不仅支持 CAD、Revit、Rhino 建模，同时也支持 Sketchup 模型，非常有利于光环境设计与建筑设计的对接。其主要特点也体现在其高效、快捷的模拟过程，是一款非常便捷的光环境设计模拟软件。部分界面示意如图 4–3–5 所示。

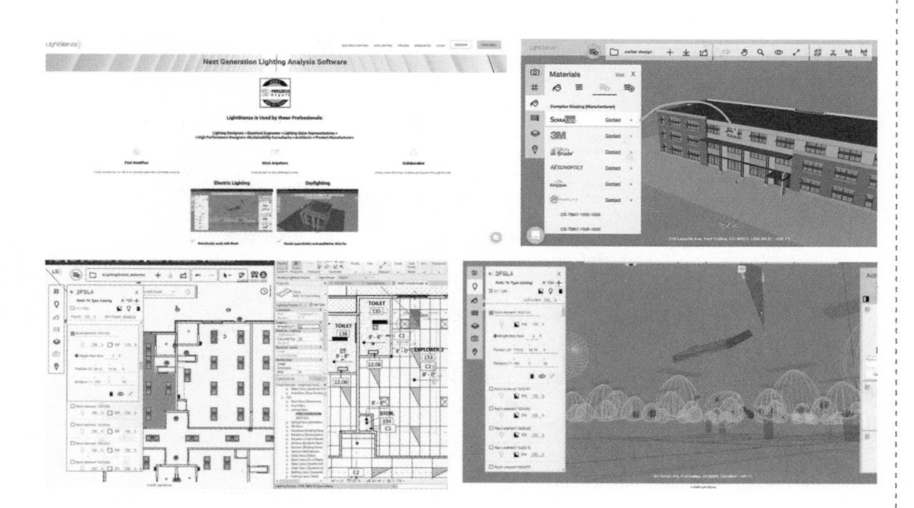

图 4–3–5　软件操作界面图 3

6）Visual

Visual 是一系列光环境设计工具的合集。该软件包含区域分析工具、照明设计经济性分析工具、道路照明模拟与分析工具、室内照明分析工具、光源特征分析工具。该软件的突出特性在于其界面的简洁和计算的高效性。部分界面示意如图 4–3–6~ 图 4–3–7 所示。

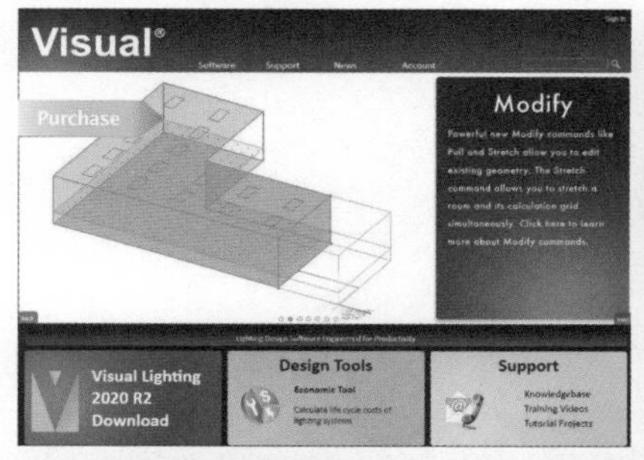

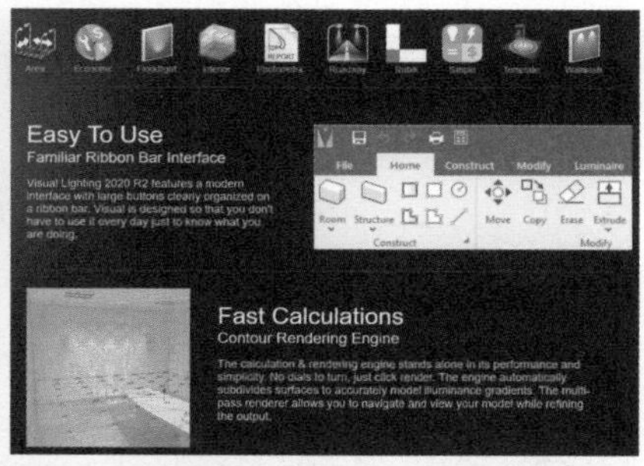

图 4–3–6　软件操作界面图 4

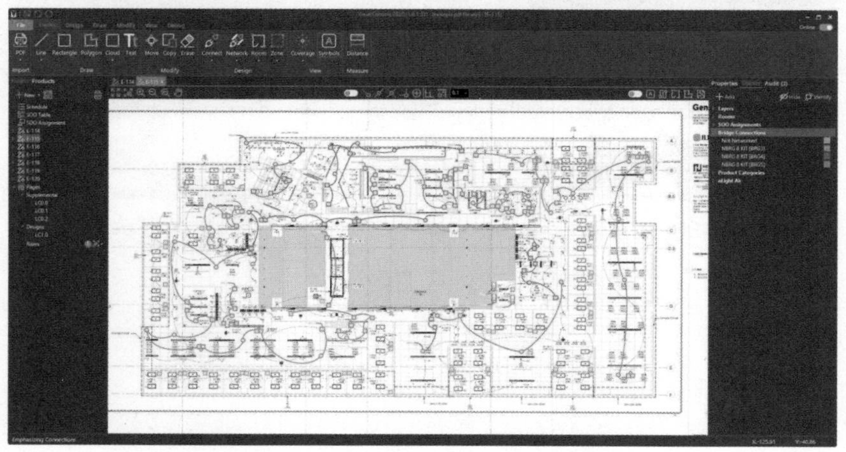

图 4–3–7　软件操作界面图 5

其他软件见表 4–3–1。

其他相关软件　　表 4–3–1

名称	来源	备注
Sensor Placement+ Optimization Tool（SPOT™）	Daylight Innovations	采光计算软件包
Sky Calc™	Energydesign Resouces	采光、照明能源计算软件，但天窗计算受限
Sky Chart	Energydesign Resouces	采光优化设计软件
Sunshine	清华日照	日照分析软件
Daysim	DAYSIM software	建筑全年的采光动态分析和照明能耗计算

4.3.2 光环境相关软件简介（Light Environment Related Software Introduction）

1）Wysiwyg

Wysiwyg 是一款集绘图、数据分析、效果可视化和虚拟展示、控制于一体的舞台照明设计软件。Wysiwyg 拥有最大的 CAD 库，其中包含数千个 3D 对象，可以通过选择这些对象来进行整个舞台的灯光设计。

该软件的下载地址为：https：//cast–soft.com/wysiwyg–lighting–design/。部分界面示意如图 4–3–8~ 图 4–3–10 所示。

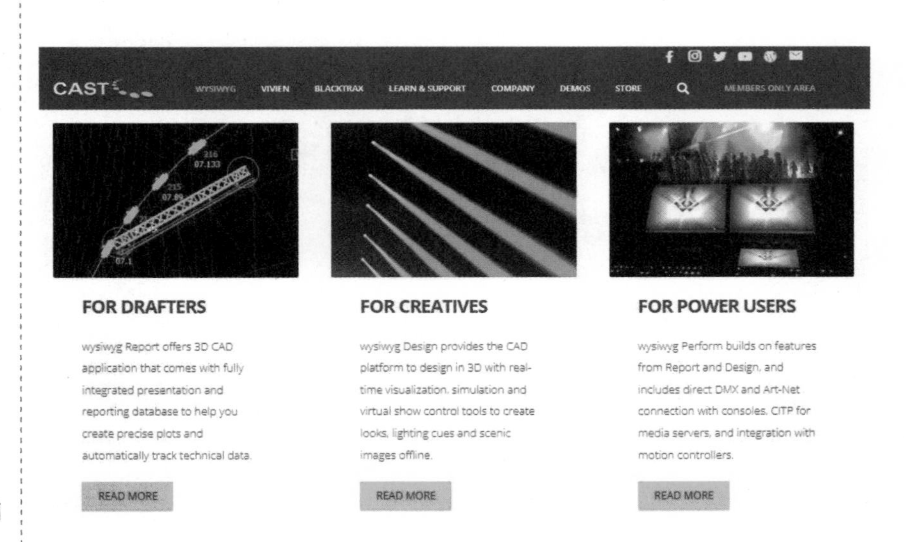

图 4–3–8　软件界面图

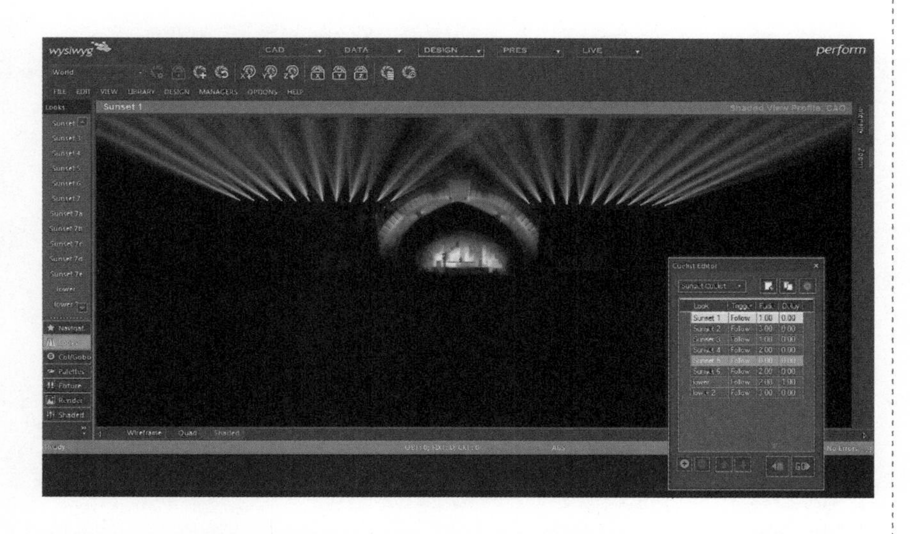

图 4–3–9　软件操作界面图 6

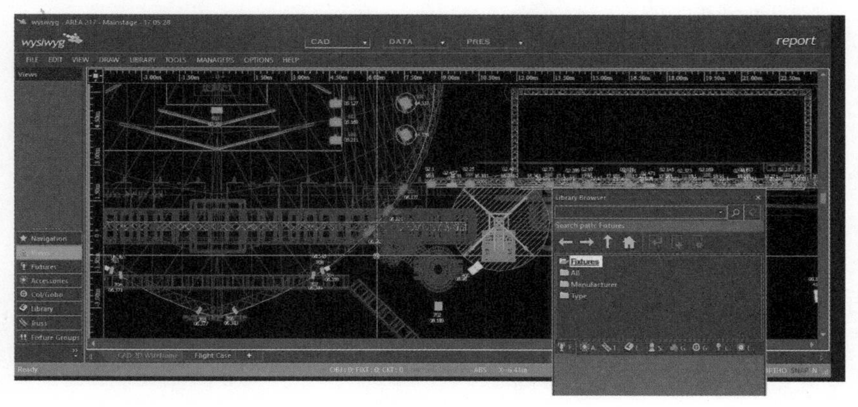

图 4–3–10　软件操作界面图 7

2）LITESTAR 4D

LITESTAR 4D 是一个照明设计资源系统，是照明设计领域唯一一个拥有开放数据库的系统。操作人员可以在其中保存产品数据并进行数据研究和分析。该系统的主要特征是其强大的信息整理能力，能够将照明设计项目所有阶段的信息进行管理和处理，其内容不仅包括灯具数据，同时也包含相关 产品数据。该软件包括：照明灯具的光度测量与光谱模块、照明设计模块，该软件具有照明和渲染功能。可以交互式的录入电子产品信息的文档开发模块；互联网信息搜索模块，用以在互联网上交互式的搜索、管理技术数据和文档；以及光度光谱数据模块。部分界面示意如图 4–3–11 所示。

其他相关软件见表 4–3–2。

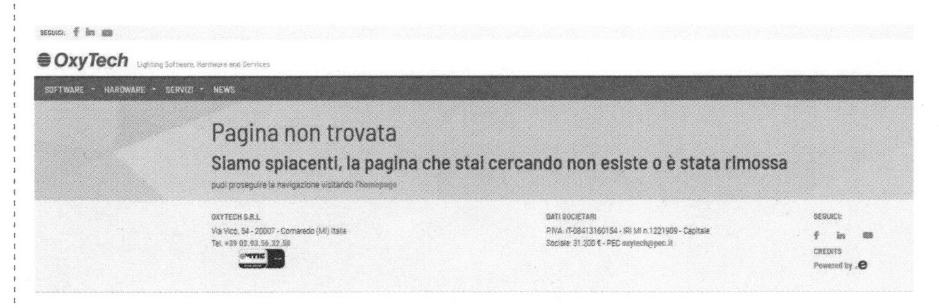

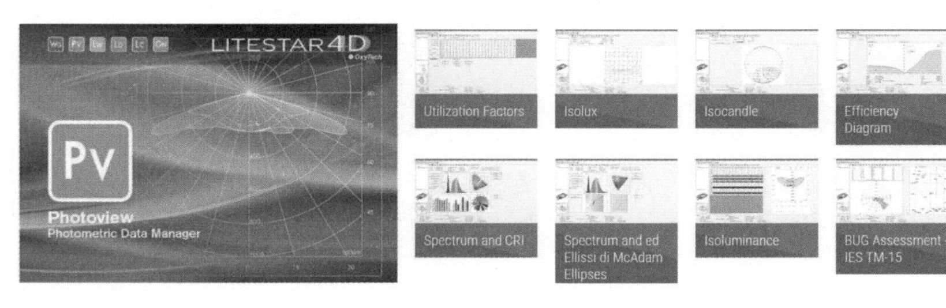

图 4–3–11 软件操作界面图 8

其他相关软件及来源 表 4–3–2

名称	来源	备注
REScheck and COMcheck	Energy code.net – Home	美国能源部（DOE）提供的能源合格检测在线资源
Ladybug and Honeybee	Rhino3D	Ladybug 可完成各种气象参数分析，显示太阳轨迹、日照阴影、日照时间等。Honeybee 可实现建筑能耗、热舒适度、采光和照明分析
Design Builder	Design Builder	建筑能耗动态模拟程序。可对建筑照明、采光等进行全能耗模拟分析和经济分析

图书在版编目（CIP）数据

建筑与城市光环境 = Architecture and Urban Light Environment / 苏晓明编著 . —北京：中国建筑工业出版社，2022.9
ISBN 978-7-112-27805-3

Ⅰ . ①建… Ⅱ . ①苏… Ⅲ . ①城市—照明设计 Ⅳ . ① TU113.6

中国版本图书馆 CIP 数据核字（2022）第 157304 号

本书从基本理论、应用方法、相关技术、实用工具四个层面介绍了光环境的相关知识。内容包括光、色基本原理，光、人与环境的关系，以及天然采光设计方法、建筑光环境设计方法、城市照明设计方法、道路照明设计方法、光 - 热利用技术、光 - 电利用技术、光环境综合控制技术、光环境测试工具、光环境模拟工具、光环境研究扩展工具等。同时增加了作者近年来有关光环境设计、建筑与城市光污染的相关研究成果，使内容更加完善和充实。本书内容涉及光学、建筑学、城市规划学、设计学、生态学等多个领域，面向对象广泛，适合相关专业的管理人员、设计人员、研究人员、学生参考使用。

责任编辑：唐 旭 张 华
责任校对：李辰馨

建筑与城市光环境
Architecture and Urban Light Environment
苏晓明 编著
*
中国建筑工业出版社出版、发行（北京海淀三里河路 9 号）
各地新华书店、建筑书店经销
北京中科印刷有限公司印刷
*
开本：787 毫米 ×1092 毫米 1/16 印张：11 字数：180 千字
2022 年 9 月第一版 2022 年 9 月第一次印刷
定价：**98.00** 元
ISBN 978-7-112-27805-3
（39863）